U0182884

启真馆 出品

启真·闲读馆

〔日〕山田诗子 著

苡蔓 丁楠 译

山田诗子的红茶时光

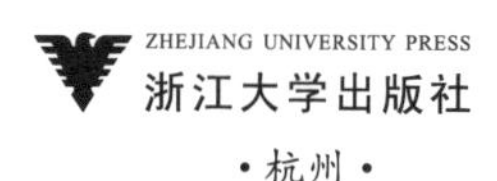
ZHEJIANG UNIVERSITY PRESS
浙江大学出版社
·杭州·

图书在版编目（CIP）数据

山田诗子的红茶时光 /（日）山田诗子著；苡蔓，丁楠译. —杭州：浙江大学出版社，2022.9

ISBN 978-7-308-22613-4

Ⅰ. ①山… Ⅱ. ①山… ②苡… ③丁… Ⅲ. ①红茶饮料–制作 Ⅳ. ①TS275.2

中国版本图书馆 CIP 数据核字（2022）第 079052 号

山田诗子的红茶时光

[日] 山田诗子 著 苡蔓 丁楠 译

责任编辑 周红聪
责任校对 叶 敏
装帧设计 周伟伟
出版发行 浙江大学出版社
（杭州天目山路 148 号 邮政编码 310007）
（网址：http:// www.zjupress.com）
排 版 北京楠竹文化发展有限公司
印 刷 北京中科印刷有限公司
开 本 889mm × 1194mm 1/32
印 张 4.5
字 数 88 千
版 印 次 2022 年 9 月第 1 版 2022 年 9 月第 1 次印刷
书 号 ISBN 978-7-308-22613-4
定 价 62.00 元

浙江大学出版社市场运营中心联系方式：（0571）88925591；http://zjdxcbs.tmall.com

To

my teapot

献给我的茶壶

※本书插图中使了几种不同的英文手写体，视为图画创作的一部分，不受大小写规则限制，敬请读者欣赏时谅解。

目录

红茶篇

Chapter 5 Easy to Cook Tea Food

为大家介绍让奶茶变得更好喝的甜点与轻食

Chapter 6 Jolly Thermos Milk Tea Time

带着红茶出门吧

冰红茶篇

Ice My Glass 喝上一杯 让心情变得爽快 98

Have a nice cup of tea.

Introduction

入门

着迷于红茶的美妙滋味，1987 年我在东京国分寺开了“卡雷尔・恰佩克红茶店”。当时那种“想要享受美味红茶”的念头至今都未改变。

喝茶时最重要的是悠闲度过时光，以及用心聆听内心世界。根据茶叶种类、冲泡方法以及饮用方式的不同，红茶的滋味也会变得多姿多彩。正因为我总能记得喝茶时的那个瞬间，记得那时的情景，也懂得如何让自己心情愉悦起来，才能真正享受红茶的滋味。

不论你是原本就热爱红茶，还是才刚要开始了解红茶，怎样都好，让我们一起选用喜爱的茶杯，泡出好喝的红茶，品尝好吃的糕点，一起享受愉快的红茶时光吧。

Have a nice cup of tea !

Screw
90
Put
Into the
first
cup,
and put
a measure

Chapter

1

The First Tea Lesson

一起记住
红茶的基础知识吧

Three Conditions For Good Tea

泡出美味红茶的三项条件

想要泡出好喝的红茶，有三项必备的条件。但是，哪怕这三项条件都满足了，就像一样的烹饪方法做出的菜的味道仍会有所不同，泡出的茶也会有差异。所以，不要轻易放弃，一起努力挑战下去，直到能说出“最好喝的红茶是自己泡的”为止吧！只要记住基本方法，即使是同一种茶叶，根据喝茶对象的不同，也可以泡出不同的滋味。

1 根据目的选取茶叶

美味的红茶不是只有一种。喝茶的人不同，情景不同，茶好喝与否也会不同。清爽却又味道浓厚的红茶，浓郁的奶茶，一直备受欢迎的柠檬茶，疲倦时饮用的清甜奶茶，当季新茶，等等等等，好喝的茶数不胜数。但不论是哪种茶，一定都有一种与其匹配的茶叶。比如说，浓郁的奶茶要用阿萨姆或是卢哈纳来泡，清甜的奶茶或柠檬茶则会选用当季的乌沃。首先，多多了解各种红茶的滋味吧！当然，也不是说要对所有的茶叶都知无不尽。另外，即便是高级茶叶，也不是所有人都会喜欢。当你对茶叶有所了解，也遇到了喜爱的口味，就根据茶叶产地和产茶时期持续去喝这种红茶吧。我认为，即使你选择的是风味红茶，也能成为红茶通。顺带一提，开始饮用可以清晰代表所选红茶风味的当季新鲜茶叶，就是成为红茶通的第一步。

2 茶叶的新鲜度

与绿茶不同，红茶很难从外表判断茶叶新鲜与否，却又的确会因为受到空气、阳光、水分的影响而氧化，进而品质也变得低劣。和应季却不新鲜的茶叶相比，不是当季茶叶但是保存状态良好的红茶泡起来更好喝。尽量把新鲜状态的茶叶封存好，并注入氮气以避免氧化是储藏红茶最好的方法。就此而言，把当季新鲜红茶分成一份一份并注入氮气保存的茶包，可以让人在最大程度上享用红茶。请避开散装红茶，尤其是装进玻璃容器或是纸袋中贩卖的那种。另外，茶叶一旦开封，请在一个月之内喝完。只是，如果连保持新鲜的当季茶叶都没有喝过的话，就不必说什么好喝了。

3 冲泡方法

冲泡红茶用的材料很简单，因此就像做朴素的料理一样，冲泡的方式就非常重要了。这是一个最多花费 5 分钟的世界。请务必集中精力。根据想要泡出的红茶的不同，泡茶的要点（比如茶叶的种类，热水的用量、温度，冲泡的时间等）全都会有不同。若是泡出了理想的红茶，一定要记住当时冲泡的方式。如此不断尝试，就能创造出对你而言独一无二的美味红茶的标准，要不断磨炼冲泡的技艺。请一定要用心对待，这可是伴随一生的东西呀。详细的冲泡方式，请参考本书第 20 页。

红茶的种类 1　根据产地划分茶叶

首先，根据产地来介绍茶叶

根据产地的不同，比如是产自印度还是斯里兰卡，红茶的味道会有所不同。同时，根据收获季节的不同又会有差异。

一般而言，“应季”的农作物总是最美味的，也是产量最高的。其中，印度红茶就是根据收获季节来区分的，应季收成很高。

但是，若说到斯里兰卡的红茶，也就是锡兰红茶，应季时期收获的茶叶却不及整年收成的一半。相应的，因为降雨量少，茶树处于非常艰苦的环境中，营养都集中到了茶叶上，这就让茶叶变得更美味，成为产地的显著特征。这个时期在一整年中只有数周。当地茶园的经理们称之为 flavory season。

虽然都叫红茶，但红茶的风味不仅受到收获时机的影响，即便是产自同一个国家、同一个区域，不同的茶园也会产生不同风味的茶叶。

请一定要试试 flavory season 的红茶，去了解产地的特征，然后找到喜爱的口味。

不同产地红茶的种类

在此写到的红茶都是风味独特，希望大家能够记下来的品种。也不要忘记，越是充满个性的红茶，越有可能喝过几次之后对它的最初印象发生变化哦！

印度的红茶产区

尼尔吉里产区，位于印度西南部喀拉拉邦，是印度的第二大红茶产区。

大吉岭产区，位于印度东北部的西孟加拉邦，在喜马拉雅山麓。

阿萨姆产区，比大吉岭要更偏印度的东北，靠近孟加拉国，是印度最大的红茶产区。

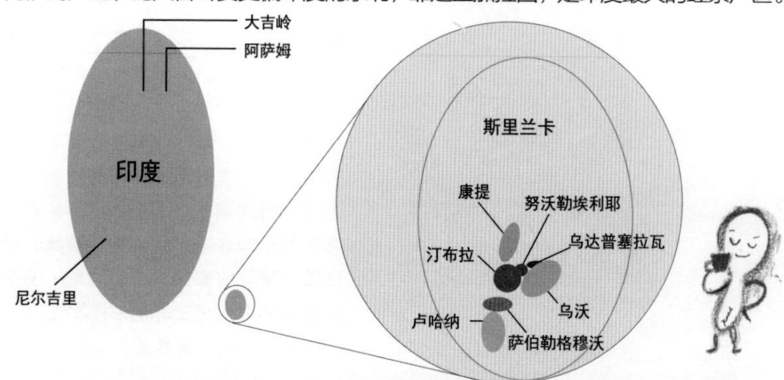

■锡兰红茶 Ceylon Tea

努沃勒埃利耶 Nuwara Eliya 海拔约 1800 米到 2000 米

口感清爽，味道纤细，“锡兰红茶中的香槟”

红茶通都把这种红茶叫作“锡兰红茶中的香槟”。这种茶叶产于斯里兰卡海拔最高处，那里的昼夜温差非常大。这种气候下生长的茶树带有独特的涩味和高雅的香气，并被野生桉树、薄荷等植物熏染上了清凉而新鲜的滋味。

乌沃 Uva 海拔约 1000 米到 1700 米

全世界独一无二的风味

乌沃是世界三大红茶之一，那种其他红茶不具备的薄荷脑香味（也就是“乌沃口味”）是仅持续数周的茶叶收获季独有的。既可以直接冲泡，品味这种独特的香气；也可以添加牛奶，泡成爽口的奶茶享用。

汀布拉 Dimbula 海拔约 1400 米到 1700 米

传统锡兰红茶中的华贵国王

汀布拉风味传统，色香味俱全并十分均衡。无论是直接冲泡还是做奶茶，又或是制成冰红茶，都能品味其中浓厚的香气与茶涩味。真正记住好喝的汀布拉红茶的滋味时，就是走上红茶之路的第一步了。

卢哈纳 Ruhuna 海拔约 200 米到 700 米

带有独特茶涩与甘甜的纯净后味

当地的土壤条件孕育了这种茶叶浓厚的滋味，泡出的茶汤也是浓重的红色。高级卢哈纳红茶带有独特的、犹如焦糖的麦芽香，唇齿之间会品出仿佛红糖的甜味，这种后味乃是锡兰红茶所特有的。泡奶茶也很合适。

康提 Kandy 海拔约 600 米到 1200 米

锡兰红茶的发源地，容易为人接受

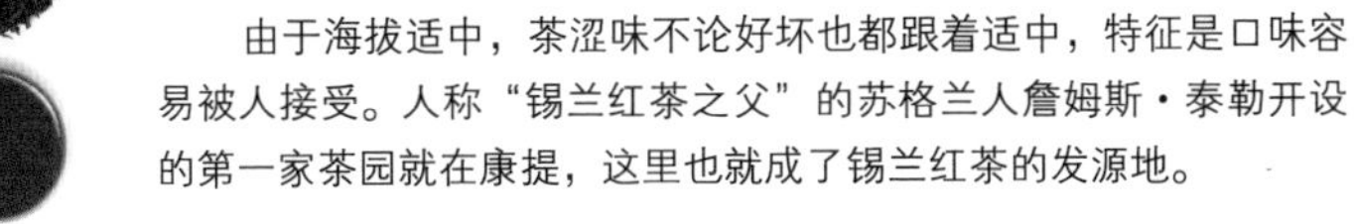

由于海拔适中，茶涩味不论好坏也都跟着适中，特征是口味容易被人接受。人称“锡兰红茶之父”的苏格兰人詹姆斯·泰勒开设的第一家茶园就在康提，这里也就成了锡兰红茶的发源地。

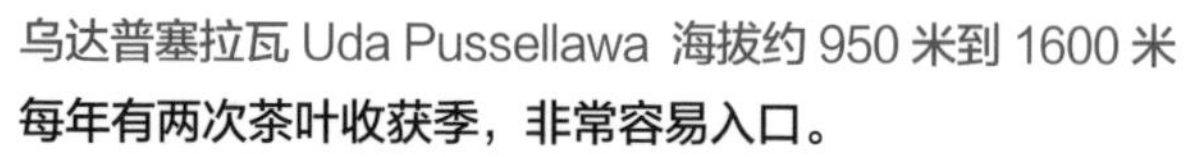

乌达普塞拉瓦 Uda Pussellawa 海拔约 950 米到 1600 米

每年有两次茶叶收获季，非常容易入口。

乌达普塞拉瓦位于努沃勒埃利耶和乌沃之间。这里一年有两次收获季，有着高海拔产地茶叶的纤细口感，饮用起来也很柔和。不论是直接冲泡还是制成奶茶都很合适。

萨伯勒格穆沃 Sabaragamuwa 海拔约 200 米到 700 米

尽管有茶涩味，口感却比较轻柔

几年前这里还被认定为属于卢哈纳产区，后来因为海拔和气候的详细区分才被单独划出。虽然用 CTC 制法（见本书第 16 页）冲泡的话可以增加茶涩味和深度，但仍比印度红茶清淡，特征是口感清爽。

锡兰红茶因海拔不同而产生的差异

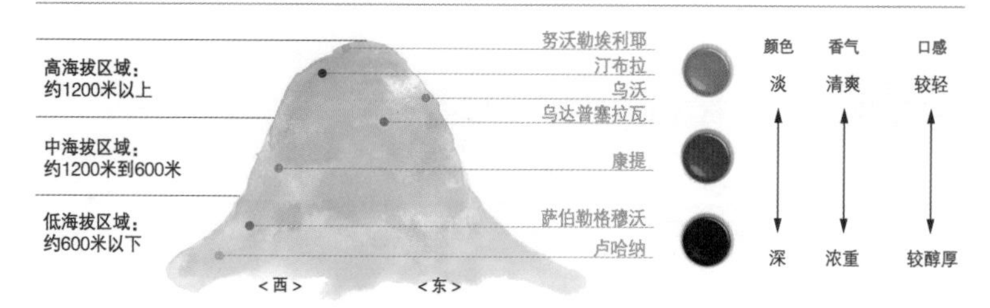

■印度红茶

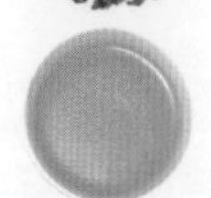

大吉岭 Darjeeling 海拔约 1000 米到 2500 米

以独特香气与茶涩味为卖点的品牌红茶

大吉岭红茶是世界三大红茶之一。甘甜清爽的香气与高雅的茶涩味是大吉岭的招牌。由于每年可收获三次（春摘、夏摘、秋摘），每种季节收获的茶叶各有不同，制成后的滋味也不同，是唯一一个品牌化的红茶产地。

阿萨姆 Assam 海拔约 500 米以下

滋味浓厚而甘甜，用来泡奶茶的代表性红茶

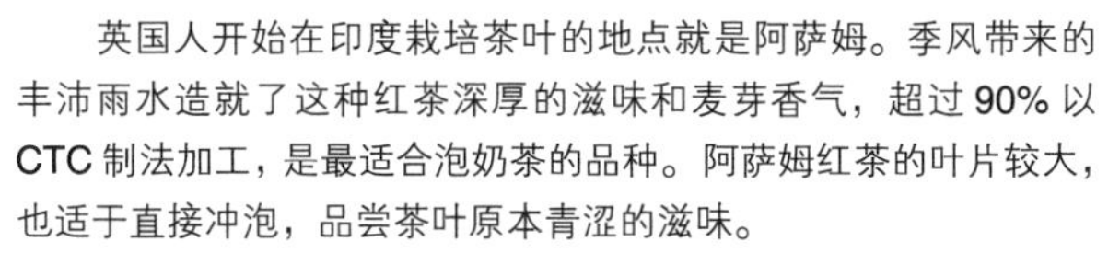

英国人开始在印度栽培茶叶的地点就是阿萨姆。季风带来的丰沛雨水造就了这种红茶深厚的滋味和麦芽香气，超过 90% 以 CTC 制法加工，是最适合泡奶茶的品种。阿萨姆红茶的叶片较大，也适于直接冲泡，品尝茶叶原本青涩的滋味。

尼尔吉里 Nilgiri 海拔约 1200 米到 2000 米

兼具印度红茶的浓厚滋味与清爽口感

由于每 12 年会有一次茶花齐放让山峰看起来一片翠绿的时期，尼尔吉里又被称作红茶界的蓝山。尼尔吉里茶叶几乎都采取 CTC 制法加工而成，因此兼具印度红茶的浓厚甘甜和锡兰红茶的清淡爽口。

■其他产地 *Other Tea*

祁门（中国）Keemun 海拔约 1500 米以上

三大传统红茶之一

产自位于中国东南部的安徽省，共有包括超特级在内的十种品质评级，按类别出货，特征是独特的熏香。因为茶涩味比较淡，而且味道甘甜，使用祁门红茶能泡出独特的奶茶。据说特级祁门红茶馥郁如兰，但假冒伪劣比较多，难以买到真品。

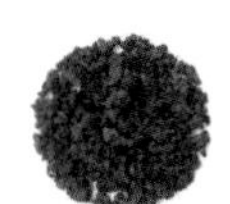

肯尼亚（肯尼亚共和国）Kenya 海拔约 1500 米到 2700 米

柔和而统一的口味

肯尼亚红茶出口量居世界第一，产量也逐年增加到了世界第二。不过肯尼亚红茶并不是采用各式各样的制茶方式，而几乎都是利用 CTC 制茶法，使得茶叶品质非常稳定，口味柔和、青涩，迎合了英国人对色泽深厚、适于冲泡奶茶的茶叶的喜好。

爪哇（印度尼西亚）Java 海拔约 1300 米到 1800 米

可以大口大口不停喝的魅力

爪哇红茶产自印度尼西亚爪哇岛的高原，泡出的茶汤呈现出鲜艳的红色，茶涩味很少，味道和香气也不那么浓重。爪哇红茶很适合在吃饭时喝，常常代替水，让人可以边吃饭边大口大口享用。

红茶的种类 2　调制茶 & 风味茶

■调制茶

说到调制茶，人们想到的大多是为了平衡茶的味道与价格，将好茶叶与不那么好的茶叶混在一起销售的茶。的确有这种情况，不过我个人在调制红茶的时候，会事先想好一个调制的主题，然后以此为目标选择茶叶。这样一来，调制成的红茶便能更好地引出每种茶叶的个性。

同样是斯里兰卡的汀布拉，也会像红酒那样因产地不同而拥有不同的味道。例如在我的红茶店里，有一款名叫“Karel Capek Everyday”（“每日卡雷尔 · 恰佩克”）的调制茶，其主题为“每次饮用都能收获感动的每日红茶”。这款茶是将特点为清爽香味的茶园的茶，与卖点为醇厚口感的茶园的茶调制而成的。之所以这样搭配，是因为相比单一种类的茶叶，使用两种茶叶能够让茶的美妙味道拥有更多维的表达方式。

店里还有一款名叫“英式早茶”的调制茶，其主题为“早餐时清饮是一种享受，加奶又是一种享受的红茶”。这款茶选取了大吉岭的浓郁芳香与醇熟味道、阿萨姆与奶茶相契合的颜色与深厚滋味，并借助康提使整体的口感柔和下来。

调制红茶时，调制的方式可以非常不拘一格，就好像使用相同的颜料可以画出截然不同的画作一样，是一项具有艺术气质的工作。当然啦，这也要求我们必须对各个产地红茶的味道特征如数家珍。

■风味茶

在红茶专家和红茶通之间，风味茶往往被认为是不入流、不上道的茶；也有很多人接受不了风味茶的味道。在我看来，这可能是因为作为底茶的红茶的品质不够好，以至于“风味”与红茶无法相容。

我个人是站在风味茶这一边的。风味茶的出现使红茶变得更富有魅力，也使享用红茶的时光更加丰富多彩。但如果底茶的品质不过关，本该有的享受就要泡汤了。因此我强烈建议在风味茶中使用经过保鲜处理的 flavory season 的优质茶叶。并且和制作调制茶的时候一样，也需要迎合茶叶的个性，创作出只有风味茶才能够实现的感官享受。

1 水果风味

亲切的水果风味与冰红茶很相配，不论是苹果、草莓、桃子，还是柠檬和橘子。

2 糖果风味

尤其能够提升风味奶茶的甜味，包括香草、焦糖、奶油冻等。

3 坚果风味

搭配巧克力茶点，效果极佳，口味包括杏仁、榛子、栗子等。

4 香辛风味

红茶与香料组合出健康的美妙滋味，口味包括生姜、肉桂、豆蔻等。

5 季节特别风味

按照习俗为特别的日子渲染气氛，在圣诞节、万圣节或婚礼上饮用。

制茶工程　在红茶制成以前

红茶的味道由杰出的茶园经理把控

在所有类别的茶叶中，红茶可以说是充分发挥了茶叶的“发酵力”的茶。这里所说的发酵，有别于利用发酵菌制作纳豆和酸奶时的发酵，而是指茶叶中含有的单宁酸的氧化过程。打个比方的话，这就和削过皮的苹果放置一段时间会变成褐色是一样的道理。

在绿茶和乌龙茶等各种茶叶中，会让茶叶发酵至最终阶段的茶就数红茶了；换句话说，红茶属于“完全发酵茶”。

因此，如何对茶叶发酵过程进行调整，会直接影响到红茶最终的品质。而担任这一重任的，便是对制茶过程全权负责的各茶园的经理。从采到的茶叶的状态、当天的温度和湿度，到饮茶人的喜好，茶园经理会将所有这些因素融入制茶的过程中。

美味的红茶中凝聚着他们的智慧、技艺与付出的心力。

红茶的制法

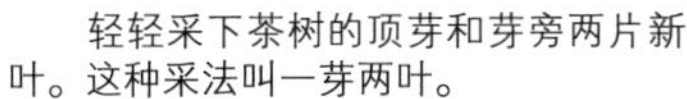

1 采摘

轻轻采下茶树的顶芽和芽旁两片新叶。这种采法叫一芽两叶。

2 萎凋

为方便揉捻，借助风吹蒸发掉茶叶中 40% ~ 50% 的水分。

3 揉捻

利用机器揉压茶叶，促使其发酵。细胞壁破裂后，氧化酵素开始发挥作用。

4 分散

将揉压中抱团的茶叶过筛，使其分开。

5 发酵

将茶叶搬入经过温湿度调节的发酵室，置于专用的台面或架子上，使茶叶进一步发酵。值得一提的是，斯里兰卡的努沃勒埃利耶正是以省略这道工序为特点的。

6 干燥

利用热风使发酵停止，同时将茶叶中的水分干燥至 3% ~ 4%。至此，茶叶已初步制成。

7 分级

进一步过筛，统一茶叶的形状、大小、颜色，同时去除茶梗等异物。

8 完成

保存约两周后，进入茶叶市场。

The Grade of Tea Leaves

红茶的等级不等于品质

在红茶的名称中，除了会标出种类和产地，如大吉岭、乌沃，还印有诸如“OP”或“BOP”的字样，想必很多人都注意到了这一点。

在这里，“OP”（Orange Pekoe*）和“BOP”（Broken Orange Pekoe）指的是茶叶的等级。茶叶的等级取决于叶片的大小，并非用来标注茶叶品质的好坏。

例：Dimbula	BOP
↑	↑
茶叶的种类和产地	叶片的大小

值得一提的是，“Orange Pekoe”和“Pekoe”有时候也用来表示茶叶在茶树上生长的部位，这种分类法与茶叶等级（大小）中的“OP”（Orange Pekoe）毫不相干。红茶的采摘只有“一芽二叶”的讲究，对茶叶生长的部位并不看重，只在制茶工程的最后，以过筛的形式对等级（大小）进行区分。

大尺寸的茶叶不等于高品质的茶叶。茶叶等级的划分在各个茶园略有区别，大体上可分为 5~6 个等级，其中最细碎的茶叶被称为“D”（Dust），即茶粉。同样地，茶叶细碎也不代表品质不好，但细碎的茶叶确实更容易劣化。

*一般认为 Pekoe 的语源为“白毫”，但在红茶的分级演变过程中已不再和白毫有关。

主要的茶叶等级 （评判标准因国家与茶园而异）

OP（Orange Pekoe）

被捻成细长状的茶叶，长 7~11 毫米。沏茶时要多焖一会儿，好让茶叶恢复原状。

PEKOE

3~5 毫米。如果一种红茶的 BOP 级别涩味过强，可以考虑饮用 PEKOE 级别的茶叶，这样可以在茶香与口感之间取得平衡。

BOP（Broken Orange Pekoe）

2~3 毫米。常见的锡兰红茶大多属于这个等级。能够完整品味到红茶的芳香、浓郁的味道（body）和醇厚的口感。

BOPF（Broken Orange Pekoe Fannings）

1~2 毫米，比 BOP 更细碎，就算用茶包和冷饮壶也能泡出浓茶。

D（Dust）

0.5~1 毫米的粉末状。冲泡迅速，茶汤色浓，香味强烈，价格高昂。

什么是 CTC 制法？

即“Crush”（切碎）、“Tear”（撕裂）和“Curl”（卷曲）的首字母缩写。味道浓、冲泡迅速。适合做成茶包和奶茶的阿萨姆，还有肯尼亚红茶，可以采用这种制法。

试饮的方方面面

每个品牌都有自己的品鉴标准

所谓试饮，是指在进货或销售以前，对红茶的味道和品质进行的品鉴。

对于欧洲的大型红茶制造商来说，以稳定的价格向某一款红茶的忠实用户提供味道稳定的产品，是他们的运营之本，因此试饮的目的也在于此。例如一款专门面向奶茶消费者的红茶产品，试饮时是直接以奶茶的形式品鉴的。而从茶园的立场出发，试饮是为了鉴定应季红茶的最终成品的品质，这时候，味道就成了品鉴的唯一标准。产地茶园的试饮员们，会根据成品的倾向，决定这批茶叶适合出口到哪个国家。各个进口国的侧重点是不同的：中东和近东地区喜欢外观呈均一黑色的茶叶；日本人注重味道和茶香；英国人则看重茶汤的颜色。总的来说，由于试饮员所处的立场和位置不同，品茶的标准和目的可能大相径庭。

关于试饮，我个人的努力方向

对我来说，试饮是为了选出最能够代表产地与茶园特色的茶。努沃勒埃利耶和乌沃要有独特的茶香；卢哈纳要有温和如麦芽香的韵味；大吉岭初摘要清爽怡人，带着青草的芬芳，次摘的香和味都要层次分明，秋摘则要看成熟的色泽和丰满馥郁的味道。关键在于，每种茶叶是否展现出其应有的特色。不过唯有汀布拉，我一定要贪心地挑选色、香、味俱佳的茶叶。如此一来，我选中的茶叶就自然而然地变成了 flavory season 的茶叶。反之，如果像红茶大厂那样追求味道与价格的稳定，那么毋庸置疑，可以大量采摘的应季茶叶是不二之选。

综上所述，试饮的标准千差万别，并不存在所谓的品质认证或国际通用法则。不过，我仍然希望能在日本建立起一套完全符合日本人口味需求的红茶品鉴标准，为日本的红茶界注入活力。同时，我也希望能够成为红茶产地与日本之间的桥梁，为了让斯里兰卡的茶园经营者们了解到日本人的口味需求而做出努力。

泡出美味红茶的必备工具

想要冲泡出好喝的红茶，一定得先备齐以下这些茶具

这里主要介绍冲泡美味热红茶的方法。

另外也有对冲泡散装叶片茶的道具以及红茶种类等的基本介绍。

虽然统称为茶具，但对我而言，我会将它们分成冲泡茶叶时使用的“道具”，以及品尝时所需的“食器”。“道具”偏重于功能性，“食器”则偏重于嗜好性，以此为基准来区分它们是很重要的。

1 茶量匙

这是一般称为茶匙的那种汤匙，主要的功能在于能均匀地混合并冲泡茶叶，而非用来测量盛取茶叶的分量。所以请一定要使用茶叶专用量匙来盛取茶叶。由于多在厨房这类潮湿的场所使用，建议选用不锈钢材质的茶量匙。

2 茶壶

红茶的美味成分要“浸泡于有盖容器中”才能散发出来。所以，请一定要使用茶壶。陶瓷质地、壶身接近圆形、壶嘴不要太短并且厚度适当的茶壶是较好的选择。请选用相对于红茶分量来说较大的茶壶。

3 计时器

茶叶冲泡时间因茶叶的种类以及叶片大小而有所不同。叶片较大的茶叶需要 3 分钟，叶片较细小的茶叶至少也需要冲泡 2 分钟。虽说是短短的3分钟，但其实会比想象中更久呢。一开始先别凭直觉，还是找一个用得顺手的计时器来帮忙吧！

4 滤茶器

过滤茶叶茶汤的用具。有很多不同的造型，建议使用可过滤掉细小叶片的金属网目制品。若选用附有滤网放置架的款式，使用上会更为便利。

5 茶壶套

不论什么样的季节，茶壶套都是品茶时的必需品。只要套上可直立包覆茶壶、有着厚厚铺棉的茶壶套，茶水就可维持 40 分钟（！）的热度。请一定要用茶壶套保温！

6 茶杯与茶碟

日本人的桌子整体偏小，小巧的茶具会更容易操作。推荐使用边缘较薄的茶杯，这样能让红茶的味道更好地流向味蕾。此外，若选用不喝茶的时候也能单独使用的茶杯和茶碟就更方便了。

7 茶包托盘

用茶包泡茶时，使用过的茶包得有地方安放才行，在桌子上准备个小碟子吧。记得要选个花纹图案称心如意的。

8 茶杯（马克杯）

由于每天都要陪伴我们，马克杯最重要的是拿在手里的安定感。选个杯把好拿，用起来就让人舒心的杯子吧。杯缘要薄，这样才能充分感受红茶的味道。

9 带盖子和滤网的茶杯

自己一个人泡茶的时候非常好用。盖上盖子可以焖茶，内置的滤网方便处理茶叶，简直就是个小茶壶。

10 玻璃杯

喝冰红茶的时候，味道会随着冰的融化不断走样，所以比起大号玻璃杯，我会选用更能留住美妙滋味的 200 毫升小杯子。

11 冷饮壶

冷饮壶是天热时制作冷萃红茶的必需品。形状要选择便于放进冰箱的。容量不需要太大，这样一来，如果有很多喜欢的口味就可以经常更换。

12 盘子

盛茶点用的，每人一个的小盘子。日本人吃甜点的量小，直径 12 厘米的小盘子使用频率最高。

茶叶的泡法

先掌握基本方法，再根据喜好调整

学会冲泡美味红茶的方法后，最好能坚持用这种方法泡同一种茶叶，连续两周，每天三次，每次泡两杯以上的量。如果实行起来有困难，就尽量做到持续喝同一种茶叶。关于泡茶的时间，最长不宜超过 5 分钟。在这几分钟里请一定要保持专注。然后，在一次次的体验中，通过调节茶叶的用量、浸泡茶叶的时间、热水的温度和注入热水的量，慢慢寻找自己心仪的味道。当你能够行云流水地泡出梦寐以求的红茶时，你就掌握了定能一生受益的本领。下面就来实际泡一壶红茶吧。

1 使用茶壶泡茶

茶壶里残留的其他味道会使红茶串味，一定要好好清洗。茶壶的大小要根据泡茶的量来选择，大壶不能取代小壶。只泡一个人喝的分量时，推荐使用带滤网的茶杯（第 19 页）。

2 用大火迅速烧开刚刚从水龙头接出来的水

这样烧开的水里会充满空气，有利于在茶壶里形成对流，也使茶叶更容易展开。

* 泡第二壶的时候如果水已经不热了，就需要重新烧开。

3 一定要为茶壶和茶杯预热

茶壶必须预热。茶杯可以挨个倒一点热水，让热水在杯子里转一圈，就可以倒掉了。

4 向壶里添茶叶时，一定要用茶量匙（第 18 页）按人数计量

以一人份一平匙为基准，想要茶香扑鼻或是喝奶茶的时候就多放点，想要减轻对身体的负担就少放点，总之可以根据喜好调节用量。

5 倒入沸腾的开水（会不断冒出硬币大小的气泡的状态）

重点在于水量和水温。红茶中的美味成分“单宁酸”，只能在超过 90℃的热水中释放。这是基础泡法，等我们不再满足于此的时候就可以尝试降低水温，体验同一种茶叶带来的不同风味。水量同样重要。一杯茶的容量大约为 150 ~ 200 毫升，如果茶壶上面没有刻度，就需要先用量杯计算出大致的水量。让我们和这些平时常用的器具搞好关系吧。

6 冲泡 2 ~ 5 分钟

冲泡的时间取决于茶叶的种类和饮用方式。浸泡一会儿，能够使红茶中的美味成分“单宁酸”与“咖啡因”结合，诞生出浓郁、温润的味道。

7 使用滤茶器将茶水倒入杯中

请将茶壶中的茶倒至一滴不剩。不论使用什么样的方式冲泡，这一点都请务必做到。无关茶叶的种类与泡茶的温度，最后一滴茶水中必然浓缩着这壶茶的美味精华。尤其是泡大叶茶的时候，精华会聚集在壶底，所以请一定要将茶水倒净。

How to Make the Good Tea Bag

茶包的泡法

为何要推荐独立包装的茶包?

可能会有人觉得茶包就等于低品质，是对味道没追求的人才会喝的东西。其实茶包的品质也有云泥之差。使用高级茶叶和填充氮气的保鲜方式制成的茶包，可比开封后新鲜度大减的茶叶好喝得多。如果茶叶已经不新鲜了，即使花了心思用茶壶去泡，茶叶原有的美味也不可能失而复得。但如果是独立包装的茶包，每次开包都能享受到味道保持在最佳状态的红茶。希望有更多人了解到茶包的优点。

茶包的优点

- 每一杯都能保证新鲜
- 茶叶的用量恰到好处
- 可以随身携带，且有多种口味可以选择

高品质茶包的条件

- 里面的茶叶是新鲜的
- 包装采用不透光材料
  纸包装和透明袋不合格
- 包装内部填充氮气，密封完好

适合冲泡茶包的杯子

带盖子的茶杯能够焖茶，可以留住茶香。如果附带滤网就更方便了，不但能泡茶包，还能泡茶叶。（第 19 页）

茶包的美味冲泡大法

基本方法和泡茶叶的方法（第 20、21 页）一致。别看是用茶包，一样可以泡出正统的美味红茶。

1 为避免开水倒进杯子里就凉了，需要给茶杯预热。

2 在预热过的茶杯中放入茶包，然后倒入沸水。

3 盖上杯盖锁住热量，根据茶叶和个人喜好浸泡 2 ~ 4 分钟。

4 别忘了挤一挤茶包，把残留的美味精华挤干净。

高品质的茶包是不怕挤的。只有氧化后不新鲜的茶叶才会挤出苦味等不好的味道。

茶包还可以这样用

在这里，我想介绍一种我经常用到的高品质茶包的“一包两喝”法。首先准备一只超小号的茶杯。第一杯，倒半杯水，浸泡 1 分钟就取出茶包。这杯享受茶香。第二杯，同样倒半杯水，浸泡 3 分钟。这杯没有茶香，但是能喝出饱满的味道与口感。虽然每一杯的量都不大，但是一包两喝趣味十足。

此外，如果茶包属于泡过之后方便处理的类型，遇到多人聚会的时候可以拿出来招待客人。把各种口味的茶包装进篮子，和保温壶一起端上桌，让客人们根据喜好自行挑选，这样应该能创造出不少话题吧。

有没有冲出好喝的红茶呢?

无法泡出喜欢的红茶浓度

▲用茶量匙量取茶叶了吗?

一般说的茶匙，多是用来盛取砂糖、搅拌红茶用的。如果用茶匙来量取茶叶，可以盛取的分量非常少。谈到盛取茶叶的适当分量，较大叶片的茶叶（大吉岭、阿萨姆等等）以稍微多出茶量匙表面的分量为佳；如果是叶片细小的茶叶（如锡兰红茶）则是以平匙为基准。

▲热水的分量呢?

为了煮沸恰好装满一壶的水量，请利用实际使用的杯子装水，记住杯数以及大约水量。所需水量会因为杯子的形状大小不同而有所不同，请注意这点差异。本书所提及的杯子以 150 毫升为标准，如果使用的是像马克杯这样较大的杯子，则须考虑增加茶叶以及热水量。

▲那么，冲泡的时间要多长呢?

红茶，尤其是由叶片揉捻而成的茶叶，如果没有足够的冲泡时间，叶片就无法完全伸展开来，也就无法释放出美味的成分，因而影响浓度与口感的温润。大叶片的茶叶所需的冲泡时间约为 3 分钟，细小叶片也需要 2 分钟左右。

茶壶里的茶汤渐渐变得很浓怎么办呢?

给大家的建议是，使用两个茶壶泡茶。将浓度刚好的茶汤，通过滤茶器倒入另一个事先温过的茶壶中，套上茶壶套之后再端上桌。即使喝到第二杯之后，茶汤依然能维持在喜欢的浓度，一样好喝。

虽然茶叶的分量、水量以及浸泡时间都遵循了正确的方式，泡出来的茶还是太浓太涩

红茶的滋味来自产生茶涩味的单宁酸。虽然每个人的喜好不同，但请试着找出红茶“茶涩味”与“美味”的平衡点。这种涩味与茶叶因为浸泡过久而产生的苦味是不同的，是一种清爽的口感。请将这种好的茶涩味当成优质的茶叶特性并记下来。另外，如果冲泡过浓，也可加入热水调节浓度。

如果想要冲泡较淡又好喝的红茶，该怎么做呢?

想要冲泡较淡的茶的时候，通常会想到缩短冲泡的时间。但是，冲泡红茶时，不论茶叶的量有多少，都需要足够的时间才能引出美味的成分。想要冲制较淡但依然好喝的红茶，秘诀就是减少茶叶的分量，而仍用足够的时间冲泡。

香气和口感似乎都不太好

▲有没有温茶壶呢?

一定要先温壶。跟温杯比起来，温壶更加重要。用热水即可，不一定要使用100℃的滚水温壶。

▲水质以及热水的状态如何呢?

冲泡红茶适合使用空气含量高的软水。从水龙头里往水壶里接水较好，因为事先装好的水、矿泉水以及蒸馏水无法完美地呈现红茶的香气跟色泽。另外，因长时间沸腾而散失较多空气的水以及温度过低的热水也无法带出红茶的滋味。

▲使用的是新的茶叶吗?

未开封的茶叶可保存 1 ～ 2 年，开封以后请于半年内用完。

▲茶叶的保存状态怎么样?

是否将茶叶摆放在了冰箱或是香味过于强烈的东西旁边呢? 红茶很容易吸取其他物品的味道，请特别注意保存的场所。

▲是否还做了类似这样的事情呢?

红茶冲泡一次之后就得更换茶叶，不能重复冲泡。冲泡过的红茶不能重新加热，这会产生不好的味道，“使红茶产生苦味的成分”会随之释放出来。

Chapter

2

Easy to Cook Tea Sweets

一起轻松地做
茶点吧

Simple Tea Sweets

39 款简易茶点食谱

放松心情，一起来做点心吧

下面要介绍的茶点不但与红茶是绝配，而且容易制作。只要学会它们，你的品茶时光就会变得丰富充实。为了方便制作，这里选取的是所用不多即可制作的分量。照着食谱来，30 分钟内就能准备好两款可以放进烤箱的点心。点心的尺寸也是在实际应对三到四人的茶会时，很容易就能准备的类型。

希望小朋友和男性朋友们也能够放松心情做做看。如果失败了也不要灰心，请再试一次吧。

制作点心前

想要随时起意也能轻松自在地做点心，很重要的一点是平时就要备妥能使制作顺畅快速的工具与基本材料。仔细阅读做法，好好思索流程，准备好材料与工具，调整好节奏准备开始吧！

制作点心时所需要的工具

盆子
木匙
橡胶刮刀
打蛋器
秤
量匙
量杯
筛粉器
擀面杖
刷子

最好可以常备的材料

面粉
白砂糖
可可粉
肉桂粉
泡打粉
小苏打粉
香草油
柠檬油
朗姆酒
葡萄干
朗姆酒渍葡萄干
柑橘皮
核桃
果酱类
（杏桃与草莓果酱是最好用的）

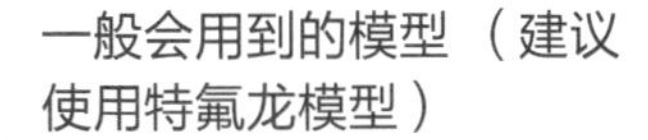

一般会用到的模型（建议使用特氟龙模型）

圆形（15 厘米）
派盘（15 厘米）
磅蛋糕模（小）
方格模（15 厘米大小和 20 厘米大小各一种）
玛芬模（直径 7 厘米，6 个）

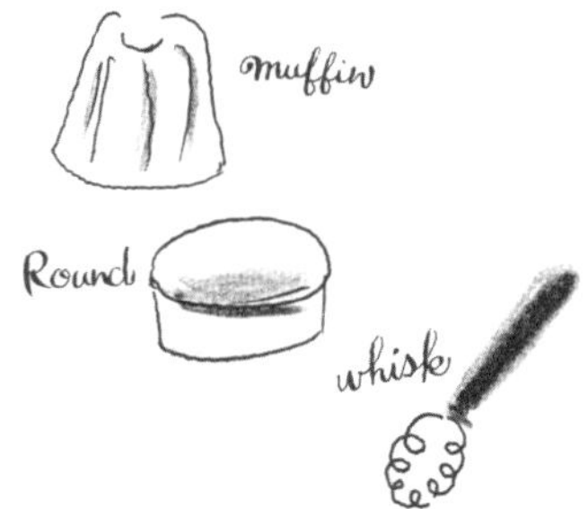

利用本书食谱制作时的标准

如果对口感没有特殊需求的话，
面粉 = 低筋面粉、
奶油 = 无盐奶油、
砂糖 = 白砂糖、
蛋 = 大颗蛋、
1 杯 = 200 毫升、
大匙 = 15 毫升、
小匙 = 5 毫升。
烘焙时间与温度视情况而定。

Scone Simple

简易司康（12个）

卡雷尔·恰佩克红茶店的原创食谱

将125克低筋面粉、125克高筋面粉、2小匙泡打粉过筛，然后捏碎100克切成骰子状的黄油并混入，再加入30克砂糖。如果想要加葡萄干的话，可在此时加入1/2大匙。一边一点一点地慢慢加入80克酸奶和1颗蛋，一边用手搅拌混合。将面团擀平成2厘米厚，再以杯子压出圆形或是用刀切成5厘米大小的方形，排在铺了烘焙纸的烤盘上，表面刷上牛奶后以180℃烤15分钟。

Scone Sweet

甜司康（10个）

什么都不用蘸也很好吃

将125克低筋面粉、125克高筋面粉、1小匙泡打粉与1/4小匙苏打粉过筛，然后捏碎50克切成骰子状的黄油并混入。撒上25克砂糖，再依喜好加入葡萄干或2大匙干燥香料。

用25毫升牛奶与半颗蛋制作蛋液，然后一点一点地加入前述混合物，让材料融合起来变成一个大球。把面团揉成高尔夫球大小后，排在铺有烘焙纸的烤盘上，若有剩余的蛋液，可涂在面团上，烤箱温度160℃下烤15~18分钟。秘诀是速度。试着挑战在10分钟内完成从备料到烘焙的过程吧！

Currants Scone
小葡萄干司康
已成经典，广受喜爱

将125克低筋面粉、125克高筋面粉、1小匙泡打粉过筛后倒入碗中，然后捏碎100克切成骰子状的黄油并混入，再加入40克砂糖、50克小葡萄干(醋栗干)。混合70克酸奶和1颗蛋，一点点倒入碗中，边倒边用手搅拌。将面坯冷藏1~2小时，之后擀平成2厘米厚，再用杯子压出圆形或是用刀切成5厘米大小的方形，码放在铺了烘焙纸的烤盘上，表面刷上蛋液后用180℃烤15~20分钟。

Lemon Ginger Scone
姜汁柠檬司康
清爽辛香味

将125克低筋面粉、125克高筋面粉、1小匙泡打粉、8克姜粉过筛后倒入碗中，然后捏碎100克切成骰子状的黄油并混入，再加入40克砂糖。混合70克酸奶、1颗蛋、半小勺柠檬汁，一点点倒入碗中，边倒边用手搅拌。将面坯冷藏1~2小时，之后擀平成2厘米厚，再用杯子压出圆形或是用刀切成5厘米大小的方形，码放在铺了烘焙纸的烤盘上，表面刷上蛋液后用180℃烤15~20分钟。

Cinnamon Raisin Scone

肉桂葡萄干司康

颜色雅致的葡萄干司康

将125克低筋面粉、125克高筋面粉、1小匙泡打粉过筛后倒入碗中，然后捏碎100克切成骰子状的黄油并混入，再加入40克砂糖、50克葡萄干、半小勺肉桂粉。混合70克酸奶和1颗蛋，一点点倒入碗中，边倒边用手搅拌。将面坯冷藏1~2小时，之后擀平成2厘米厚，再用杯子压出圆形或是用刀切成5厘米大小的方形，码放在铺了烘焙纸的烤盘上，表面刷上蛋液后用180℃烤15~20分钟。

White Chocolate & Cranberry Scone

白巧克力蔓越莓司康

酸甜的心动味道

将125克低筋面粉、125克高筋面粉、1小匙泡打粉过筛后倒入碗中，然后捏碎100克切成骰子状的黄油并混入，再加入40克砂糖、25克白巧克力、35克蔓越莓干。混合70克酸奶和1颗蛋，一点点倒入碗中，边倒边用手搅拌。将面坯冷藏1~2小时，之后擀平成2厘米厚，再用杯子压出圆形或是用刀切成5厘米大小的方形，码放在铺了烘焙纸的烤盘上，表面刷上蛋液后用180℃烤15~20分钟。

Tea Scone
红茶司康
红茶伴侣红茶味

将125克低筋面粉、125克高筋面粉、1小匙泡打粉过筛后倒入碗中，然后捏碎100克切成骰子状的黄油并混入，再加入40克砂糖。混合70克酸奶、1颗蛋、10克伯爵茶粉末、10毫升牛奶，一点点倒入碗中，边倒边用手搅拌。将面坯冷藏1~2小时，之后擀平成2厘米厚，再用杯子压出圆形或是用刀切成5厘米大小的方形，码放在铺了烘焙纸的烤盘上，表面刷上蛋液后用180℃烤15~20分钟。

Cheddar Cheese Scone
切达奶酪司康
使用英国奶酪的佐餐司康

将125克低筋面粉、125克高筋面粉、1小匙泡打粉过筛后倒入碗中，然后捏碎100克切成骰子状的黄油并混入，再加入40克砂糖、50克切成1厘米见方的切达奶酪。混合70克酸奶和1颗蛋，一点点倒入碗中，边倒边用手搅拌。将面坯冷藏1~2小时，之后擀平成2厘米厚，再用杯子压出圆形或是用刀切成5厘米大小的方形，码放在铺了烘焙纸的烤盘上，表面刷上蛋液后用180℃烤15~20分钟。

Rosemary & Cheese Scone
迷迭香奶酪司康
治愈的香草味

将125克低筋面粉、125克高筋面粉、1小匙泡打粉过筛后倒入碗中，然后捏碎100克切成骰子状的黄油并混入，再加入40克砂糖、60克切成1厘米见方的天然奶酪、1小勺干迷迭香。混合70克酸奶和1颗蛋，一点点倒入碗中，边倒边用手搅拌。将面坯冷藏1~2小时，之后擀平成2厘米厚，再用杯子压出圆形或是用刀切成5厘米大小的方形，码放在铺了烘焙纸的烤盘上，表面刷上蛋液后用180℃烤15~20分钟。

Onion & Bacon Scone

洋葱培根司康

经典佐餐司康

将125克低筋面粉、125克高筋面粉、1小匙泡打粉过筛后倒入碗中，然后捏碎100克切成骰子状的黄油并混入，再加入40克砂糖、25克炒洋葱末、25克培根肉末。混合70克酸奶和1颗蛋，一点点倒入碗中，边倒边用手搅拌。将面坯冷藏1~2小时，之后擀平成2厘米厚，再用杯子压出圆形或是用刀切成5厘米大小的方形，码放在铺了烘焙纸的烤盘上，表面刷上蛋液后用180℃烤15~20分钟。

Tomato & Parsley Scone

西红柿欧芹司康

阳光番茄味

将125克低筋面粉、125克高筋面粉、1小匙泡打粉过筛后倒入碗中，然后捏碎100克切成骰子状的黄油并混入，再加入40克砂糖。混合70克酸奶、半颗蛋、25克番茄泥、5克欧芹末，一点点倒入碗中，边倒边用手搅拌。将面坯冷藏1~2小时，之后擀平成2厘米厚，再用杯子压出圆形或是用刀切成5厘米大小的方形，码放在铺了烘焙纸的烤盘上，表面刷上蛋液后用180℃烤15~20分钟。

Pumpkin Scone

南瓜司康

软糯甜香味

将125克低筋面粉、125克高筋面粉、1小匙泡打粉过筛后倒入碗中，然后捏碎100克切成骰子状的黄油并混入，再加入40克砂糖。混合70克酸奶、半颗蛋、30克南瓜泥、1小勺肉桂，一点点倒入碗中，边倒边用手搅拌。将面坯冷藏1~2小时，之后擀平成2厘米厚，再用杯子压出圆形或是用刀切成5厘米大小的方形，码放在铺了烘焙纸的烤盘上，表面刷上蛋液后用180℃烤15~20分钟。

Salty Biscuits
咸饼干
也可烤成马蹄形状

轻柔地打发50克黄油，呈白色之后加入15克砂糖、1/3杯核桃碎粒、1/4小匙盐、60克低筋面粉及香草精，然后用木匙搅拌均匀。做成葡萄大小的小球后，压平排列在铺有烘焙纸的烤盘上，以160℃烤20分钟。放凉后，用筛粉器撒1/3杯糖粉。

Walnut Biscuits
核桃饼干
酥脆又香气四溢

轻柔地打发75克黄油，呈白色之后分多次加入75克砂糖、半颗蛋、70克核桃碎粒，另外将75克低筋面粉与半小匙泡打粉过筛后直接加入。做成葡萄大小的小球后，压平排列在铺有烘焙纸的烤盘上，以160℃烤20分钟。

Raisin Biscuits
葡萄干饼干
咬起来脆脆的，口感极佳

轻柔地打发50克黄油，呈白色之后分多次加入40克砂糖，然后再加入10毫升牛奶、25克切碎的葡萄干与一些柠檬油。加入95克过筛的低筋面粉之后，用橡皮刮刀搅拌并混合均匀，然后揉成直径4厘米的长条，用保鲜膜包起来并放进冰箱冷冻室静置1~2小时。最后切成1厘米厚片，以200℃烤15分钟。

Orange Biscuits

橘子饼干

烤得好香好香

取 125 克低筋面粉与 1/2 小匙泡打粉一起过筛后，加入 60 克砂糖、1.5 大匙牛奶、50 克融化的黄油以及 1/2 个磨碎的橘子皮，然后快速地混合均匀。用保鲜膜将面团包好，在冰箱静置 2 小时后，将面团擀成 5 毫米厚，再以圆形模型（或杯口）压出圆形。涂上牛奶之后以 180℃烤 15 分钟。

Sable

英式酥饼

也可以切成四方形后烘烤

轻柔地打发 50 克黄油至呈现为白色之后，依照顺序将 50 克砂糖、1 个蛋黄、1/4 小匙肉桂粉、20 克切碎的葡萄干、60 克面粉以及 50 克杏仁粉加到盆子里混合均匀，然后将面团揉成 4 厘米厚的长条，放入冰箱至少静置 2 小时以上。随后取出面团，在撒了面粉的工作台上把面团切成 5 毫米厚的块，涂上半个蛋黄后以 180℃烤 12 分钟。

Flat Biscuits

薄饼

“啪”地用手掰成一片一片来吃，真有趣

用手指捏碎 25 克切成骰子状的黄油，将之混入 70 克低筋面粉中，并加入 1 大匙砂糖与 1/3 小匙肉桂粉。然后加入 1 大匙带有酸味的果酱，并快速地混合均匀。在铺有烘焙纸的烤盘上用擀面杖将面团擀成 3~5 毫米厚、直径约 18 厘米的圆形饼皮。在饼皮上画上 8 等分的放射状线条后以 160℃烤 15 分钟。烤得脆脆的就完成了。果酱可以选用杏桃酱、覆盆子酱、柑橘酱等等。如果酸味不够的话，可再加入 1 小匙柠檬汁。

Shortbread

酥饼

苏格兰节庆时的传统点心

将 75 克低筋面粉、25 克粳米粉过筛，然后在盆里混入 75 克切成骰子状并捏碎的黄油。此时加入 25 克砂糖，并视个人喜好可添加 1/2 小匙肉桂粉。用手将面团揉搓成一个大球后，把饼皮推压到底部可拆卸的挞皮模型（小）上，然后拿掉模型，反过来放在铺有烘焙纸的烤盘上。使用刀叉在边缘画出形状，表面则轻轻画出 8 等分的放射状线条，并用叉子戳出小洞。以 170℃烤 35 分钟。

Soda Bread

苏打面包

做成小小的尺寸，让人一口接一口停不下来

将 75 克低筋面粉、1/3 小匙小苏打粉过筛，然后往盆子里加入 15 毫升牛奶、3 大匙酸奶与 10 克砂糖。然后依喜好的比例加入 60 克混合后的葡萄干、柑橘皮和核桃。混合面团后做成直径约 18 厘米的球，然后放到铺有烘焙纸的烤盘上。撒上 1 大匙粳米粉，用刀画出 1 厘米深的十字后以 180℃烤 30 分钟。也可加入朗姆黄油（第 43 页）。当作轻食也很好。

Everyday Muffin

每日玛芬

好吃到每天吃也不觉得腻

在小锅里加入 4 大匙色拉油、50 克砂糖、75 毫升牛奶、60 克葡萄干、1/2 小匙肉桂粉，煮到稍微沸腾后马上关火冷却。冷却后加入 1 颗蛋与 100 克低筋面粉、2 小匙泡打粉，并充分搅拌混合。然后将面糊倒入 6 个涂了油、直径 7 厘米的模型中，倒 7 分满即可。以 170℃烤 20 分钟。若是使用橄榄油制作，可以当成主食来吃。

Frank Muffin

法兰克玛芬

大家都会喜欢的经典食谱

均匀混合 1 颗蛋、3 大匙砂糖、70 毫升牛奶、30 克融化的黄油，加入 100 克低筋面粉与 2 小匙泡打粉之后用橡皮刮刀搅拌均匀。然后将面糊倒入 6 个涂了油、直径 7 厘米的模型中，送入烤箱以 170℃烤 25 分钟。在倒面糊时，先倒一半，加入芝士或果酱后再继续加面糊至 7 分满，这时再烤也可以的。

Pancake

松饼

秘诀在于充分发酵面团

将 100 克低筋面粉、1/4 小匙小苏打粉、1/2 小匙泡打粉混合放入碗中，加入 1/4 小匙盐与 1 大匙砂糖混合搅拌。然后混入 1 颗打好的蛋黄并一点一点地加入 125 毫升温牛奶，用打蛋器用力打 2~3 分钟，把面糊打到滑顺的状态。可以的话，用保鲜膜封好碗，放入冰箱静置一晚。在热过的平底锅上薄薄地抹上一层油，用汤匙将面糊舀入平底锅，以中火煎到表面浮出气泡后翻面，再转小火煎到呈浅褐色。

Brown Betty

烤苹果布丁

怀旧风格的点心，要热热地吃哦

均匀混合100毫升牛奶、3大匙砂糖、2小匙低筋面粉和1颗蛋。在12厘米×22厘米×3厘米的耐热容器上涂一层薄薄的奶油，然后将一枚去边的吐司薄片撕成一口大小，与用一颗苹果切成的薄片交错排在容器里，撒上肉桂粉与肉豆蔻。最后倒入一开始做好的面糊，并在多处铺上共计15克的黄油块，以160℃烤20分钟。喜欢的话也可以放入葡萄干。

Banana Cake

香蕉磅蛋糕

从热爱甜食的姑姑那里学来的食谱

将40克人造奶油打到滑顺的状态，然后分多次加入60克砂糖。此时将打好的1颗蛋分次加入，并将2根熟透的香蕉用叉子背面压碎后加进材料中，并加入1/2小匙柠檬汁。接着将过筛的75克高筋面粉与1/2小匙小苏打粉一起倒入盆中混合搅拌。最后把混合好的面糊倒入已经抹油的磅蛋糕模型（小）中，以170℃烤30分钟。要用冰箱保存，尽快吃完比较好。喜欢的话也可加入切碎的葡萄干和核桃粒。

Crumble Cake

碎饼蛋糕

朴实温暖的点心

依照顺序加入75克面粉、60克杏仁粉、60克砂糖、75克切成骰子状的黄油，用手指拌成粗粒状。此时将面糊的2/3压平铺在已经抹好黄油的派盘（15厘米）上。然后把喜欢的水果（苹果、黄桃罐头等等）共200克切成1.5厘米厚的薄片铺上去，淋上柠檬汁与白兰地各1大匙，再撒上肉豆蔻和肉桂粉等香料。最后再铺上剩余的碎饼面糊，以220℃烤20分钟。

Brownies

布朗尼

加入葡萄干也很棒

轻柔地打发 80 克黄油，待黄油呈白色后分多次混入 100 克砂糖并搅拌均匀。此时一点一点加入打好的 2 颗蛋，再加入 60 克切碎的核桃粒与 2 大匙朗姆酒。将 90 克低筋面粉、6 大匙可可粉、1 小匙泡打粉过筛后混入盆中搅拌，然后倒进涂了油的 20 厘米 X20 厘米方形模型中，以 170℃烤 25 分钟。

Fruits Cake

水果蛋糕

烤好后放 1~2 天会更好吃

轻柔地打发 30 克黄油，待黄油呈白色之后分多次混入 55 克砂糖并搅拌均匀。分次少量地加入 1 颗蛋。然后加入切碎的 20 克葡萄干、20 克橘子皮、20 克核桃、10 克杏仁片、1/2 小匙肉桂粉、1/6 小匙肉豆蔻、1/8 小匙丁香、2 大匙白兰地。将 60 克低筋面粉以及 1/2 小匙泡打粉过筛后也加入其中，然后以橡皮刮刀彻底搅拌均匀，再倒入已经抹油的磅蛋糕模型（小），以 170℃烤 25 分钟。

Brown Cherry Cake

黑樱桃蛋糕

加了鲜奶油

轻柔地打发 50 克黄油，待黄油呈白色之后分三次混入 55 克砂糖，再一点一点地加入打好的 1 颗蛋。加入 3 大匙切碎的罐头黑樱桃、40 克葡萄干以及 1.5 大匙白兰地后，放入已过筛的 45 克面粉、15 克可可粉以及 1 小匙泡打粉，并用橡皮刮刀彻底搅拌均匀。然后在直径 15 厘米的圆形蛋糕模型中涂上色拉油，并倒入面糊。留 6 颗黑樱桃不要切碎，与杏仁片一起放在蛋糕上面点缀装饰，以 160℃烤 25 分钟。

Chocolate Cake

巧克力蛋糕

口感浓郁，带有成熟风味

在锅中放入 50 克砂糖、1/2 大匙水，开小火加热。砂糖溶解后，放入 100 克切碎的用于制作点心的黑巧克力，低温融化。离火后加入 85 克切成骰子状的黄油使其融化，然后慢慢加入 2 颗小型的蛋，并以打蛋器均匀混合，再加入 15 克低筋面粉。最后在直径 15 厘米的圆形模型中涂上黄油、撒上面粉后倒入面糊，以 170℃烤 30 分钟。烤好后马上放到盘子上，根据喜好可以淋上 1 大匙白兰地。

Custard Cake

卡士达酱蛋糕

冰冰的也好吃

用手指在直径 15 厘米的圆形模型里涂上厚厚一层黄油 (20 克)。混合 190 毫升牛奶、200 毫升鲜奶油、1 颗鸡蛋、10 毫升朗姆酒，再加入 65 克低筋面粉与 50 克砂糖，然后用打蛋器混合均匀。依照个人喜好加入 50 克李子干或是葡萄干。再将其倒入模型中，上面随意铺放 20 克黄油，以 170℃烤 50 分钟。放凉后再切开。

Honey Cake

蜂蜜蛋糕

烤得黄澄澄、赏心悦目的蛋糕

将 40 克蜂蜜以及 25 克切成骰子状的黄油放入盆中隔水加热，让奶油融化，再加入50克低筋面粉和1/2小匙泡打粉，并搅拌均匀。然后加入 1 大匙朗姆酒、20 克切碎的核桃粒、2 大匙切碎的葡萄干和 1 颗蛋并混合。在直径 15 厘米的派盘中抹油，倒入面糊，并放上 6 个对切的核桃作为装饰，以 200℃烤 15 分钟。烤好后马上脱模，在表面涂上满满的蜂蜜。

Madeleine

玛德琳

非常简单，适合懒惰鬼

在料理盆中加入2颗蛋并与60克砂糖混合搅拌，然后削下半颗柠檬皮并加进去。将60克低筋面粉也加入盆中并迅速搅拌。此时加入60克融化的黄油，跟整体混合均匀。将混合好的面团在冰箱中放置一晚。最后把以上材料倒入抹有黄油的模型（12个）里，以220℃烤10分钟。

想要让玛德琳更豪华时，就把面粉减半，改为杏仁粉。个头较小时，烤的时间也要缩短。

Cheese Cake

芝士蛋糕

适合搭配红茶的清爽点心

融化15克黄油并加进100克奶油芝士中，然后分多次加入2大匙砂糖、3小匙柠檬汁以及1颗打好的蛋。接着加入3大匙朗姆酒渍葡萄干，以及50克低筋面粉、1/2小匙泡打粉。最后在直径15厘米的派盘中抹油，并倒入面糊，以190℃烤25分钟。朗姆酒渍葡萄干是在切碎的葡萄干中加入朗姆酒，先用微波炉加热1分钟，再放凉制成的。

Short Crust

派皮

搭什么都适合的简易挞皮
也可以当成派皮使用

重点在于动作要快。最好能在1~2分钟内就完成作业。使用放在室温下有点变软的黄油，做起来会更顺手。

把125克低筋面粉倒入料理盆中，形成小山状，然后在正中间挖出一个小洞，放入80克骰子状的黄油、1颗蛋、少许砂糖和1/4小匙盐，并用手指混合均匀，再慢慢一点一点地将面粉小山四周的材料混入。混合好了以后，加入1/4小匙牛奶，再用手掌整体揉搓两三遍。用保鲜膜包住面团静置2小时以上。时间允许的话，将面团放进冰箱冰一晚会更好。

Apple Tart

简易苹果挞

不需要模型的苹果挞

把挞皮面团擀成直径 25 厘米的圆形并放入冰箱静置。在平底锅中融化 3 大匙黄油，放入去核并切成 12 等分的 600 克苹果以及两大匙砂糖，用中火煎 7~8 分钟，使其呈现褐色。离边缘 2.5 厘米，把煮好的苹果排放到挞皮上，然后将边缘的饼皮往内摺，使其稍稍盖住苹果。在往内摺的饼皮上涂上蛋汁，以 220℃烤 30 分钟。撒上红糖后，趁热享用。

Tea Sandwich

三明治点心

尺寸与馅料的分量恰到好处

基本款小黄瓜三明治：将混合黄芥末的黄油涂在面包上，夹入薄切的小黄瓜片。

鸡肉三明治：将烫过的鸡胸肉切成薄片，用涂有柠檬蛋黄酱的面包将鸡肉夹起。

西芹三明治：用涂了黄油的面包夹少许核桃碎粒与西芹。

烟熏鲑鱼吐司：稍微烤一下面包，然后涂一层黄油，并放上烟熏鲑鱼。

* 用保鲜膜包好，放入冰箱静置一会儿，会比较好切。

Lemon Curd

柠檬奶黄酱

装在小瓶子里作为礼物

需要 3 大颗柠檬，先用热水彻底洗净，然后削下皮并榨汁。在小锅中放入 3 个蛋黄、200 克砂糖、100 克黄油以及刚刚削下的柠檬皮与柠檬汁，边用木匙搅拌边用弱火煮 30 分钟。须放在冷藏库中保存，尽早食用。

Rum Butter

朗姆黄油

适合搭配味道单纯的蛋糕

轻柔仔细地混合搅拌 50 克黄油、150 克糖粉以及 2 大匙朗姆酒。可涂在松饼或是喜欢的茶点上。

Chapter

3

Let's Have a Tea Time!

为你介绍
举办茶会的方法

Let's Have a Tea Party!

办一场茶会吧

轻松自在的气氛是最好的款待

从午间茶歇到大型派对，茶会可能有各种不同的形式，但不论哪一种形式，“享受喝茶的时光”都是举办茶会最基本的精神。因此，首先要冲出好喝的红茶。让自己以及宾客一起放松、自在地度过愉快的时间。

1 要准备两种以正统方式冲泡的茶。
（如果只是午间茶歇，准备一种茶就够了。）
2 可以的话，茶点也请准备两种以上。
3 插花装点场地。

只要具备以上三点，就算规模小，也是场优雅美好的茶会。

◆茶叶会因产地而展现不同风味，建议将适合直接冲泡饮用的茶叶与适合制作成奶茶的茶叶都备妥。

◆红茶要泡到刚好的浓度，通过滤茶器滤掉茶叶茶渣，倒进事先温过的茶壶，并且罩上茶壶套后再端上桌。

◆虽然有热水添加壶，可依宾客的喜好来调整茶的浓度，但小茶壶外面还是要罩上茶壶套，才能让茶水维持在一定的温度。

◆喝茶时搭配的点心，尺寸大小特别重要。要小巧、可以单手拿取，让人方便入口。

◆餐巾尺寸约为 25 厘米 X25 厘米；餐垫小的约为 20 厘米 X30 厘米，大的约为 26 厘米 X39 厘米。

◆可以多准备几个小花瓶，方便布置、装饰。

Check List

- ☐ 红茶茶叶
- ☐ 饼干类
- ☐ 玛芬、司康类
- ☐ 蛋糕类
- ☐ 三明治点心类
- ☐ 果酱、抹酱类
- ☐ 茶壶
- ☐ 茶杯＆茶盘
- ☐ 马克杯
- ☐ 牛奶盅
- ☐ 糖罐
- ☐ 茶壶套
- ☐ 热水添加壶
- ☐ 点心盘
- ☐ 蛋糕架
- ☐ 装果酱和抹酱的容器
- ☐ 点心刀叉
- ☐ 桌巾
- ☐ 餐巾
- ☐ 餐垫
- ☐ 杯垫
- ☐ 花瓶
- ☐ 花

Mug Mug Tea Break

最迷你的午间茶歇

马上就可以准备好，简单但欢乐依旧满满。
没什么事情的日子，一起来喝下午茶休息一下吧。

◆点心的种类比较少，所以用盘子盛装。加上浓浓的一整杯热茶，用心营造出丰盛感。

British Style

◆采用英式风格，不使用点心叉而只用小点心刀。

◆马克杯的容量比茶杯大，因此冲制的时候要特别注意茶叶的分量。也请准备大号牛奶盅。

◆为了营造放松舒适的气氛，选择的茶壶是 Brown Betty（英国常见的深棕色圆形茶壶）。与茶壶搭配的是羊毛质地的棕色茶壶套，杯垫、餐巾也是不怕脏的深咖啡色，让客人感到自在放松、没有压力。

需要准备的东西

- 大号茶壶
- 马克杯
- 大号牛奶盅
- 茶壶套
- 点心盘
- 点心刀
- 餐巾
- 杯垫
- 花瓶

Menu

- 葡萄干饼干（第 35 页）
- 香蕉磅蛋糕（第 39 页）
- 朗姆黄油面包（第 43 页）
- 阿萨姆红茶(奶茶)(第 68 页)

＊Menu 等条目中列出的页码，有的刊载了对应的制作方法，有的表示可参考该页面。

Yellow Welcome Tea Party

主题茶会

因为是春天，所以选择黄色的物品作为主题！为朋友们布置一个明亮又温馨的桌面。

◆茶会的出茶顺序：先从纯红茶开始，接着才是奶茶。这里准备的不是上桌后才加入牛奶的奶茶，而是直接在冲制时就加入蜂蜜与牛奶制作而成的奶茶。

◆不论在哪个季节，茶壶套都是不可或缺的道具（毕竟即使是夏天，室内也会开着冷气），因此可以试着做成各式各样有趣的造型。这是蜂巢形状的茶壶套。造型简单，上头还可以别上小花别针装饰。

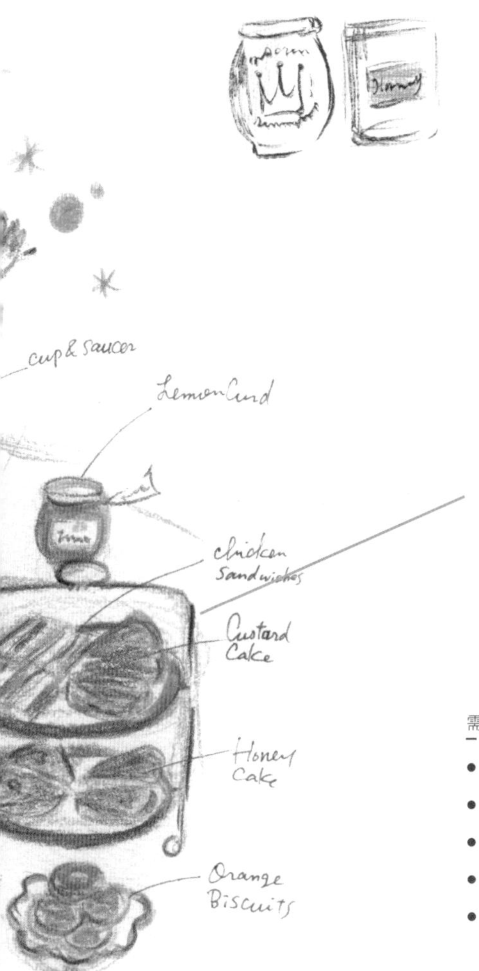

◆在果酱玻璃瓶、古董奶油罐等小小的瓶罐里插上春意盎然的黄色小花，一人一个，让客人们当成花束带回家。时间足够的话，也可以送给大家亲手做的柠檬奶黄酱当作小礼物。

◆试着让全部都是黄色系的点心有不同的口感，有酥脆的，也有带点嚼劲的。都是尺寸很小的点心，所以盛装在小点心盘里。

需要准备的东西

- 2个茶壶
- 茶杯 & 茶盘
- 2组茶壶套
- 热水添加壶
- 小号点心盘
- 点心架
- 叉子
- 餐巾
- 小号餐垫
- 花瓶

Menu

- 橘子饼干（第36页）
- 鸡肉三明治（第43页）
- 卡士达酱蛋糕（第41页）
- 努沃勒埃利耶茶（纯红茶）（第20页）
- 蜂蜜蛋糕（第41页）
- 卢哈纳茶（坎布里克奶茶）（第73页）

Chic & Cozy Birthday Tea Party

发出请柬 以茶会的形式庆祝生日

◆想要营造出稍微正式的气氛，点心的尺寸就要小巧精致。不必选择特别名贵的点心，花点心思在尺寸或是形状上（用有点不同的造型模型来烘焙）。

不要一次就把全部的点心都端上桌，把比较特别的（含有酒精或是带有浓厚季节感的点心）当作重头戏最后再拿出来会更棒。

◆生日时果然还是喜欢圆形的蛋糕啊。能做出好吃的蛋糕之后，可以试试用糖霜装饰蛋糕。做成环状的蛋糕时，中间还可以插上蜡烛。

<糖霜>

准备 100 克糖粉、1 大匙柠檬汁与一颗蛋的蛋白，然后用汤匙打发到硬挺有光泽。等蛋糕冷却之后再做装饰。也可以加入鲜奶油。如果加入鲜奶油的话就不要打得太硬，这样比较好吃，也有自家制的风味。

◆备有 2~3 层的蛋糕架或是水果钵盘的话，举办派对时会很方便。尤其是水果钵盘，由于样子可爱，不论是装饼干还是蛋糕，都能使各种点心看起来很有质感。

另外，餐具并不需要特别名贵精致，主要是整体感觉要一致。还有，建议为大家准备亚麻材质的餐巾而非餐巾纸。

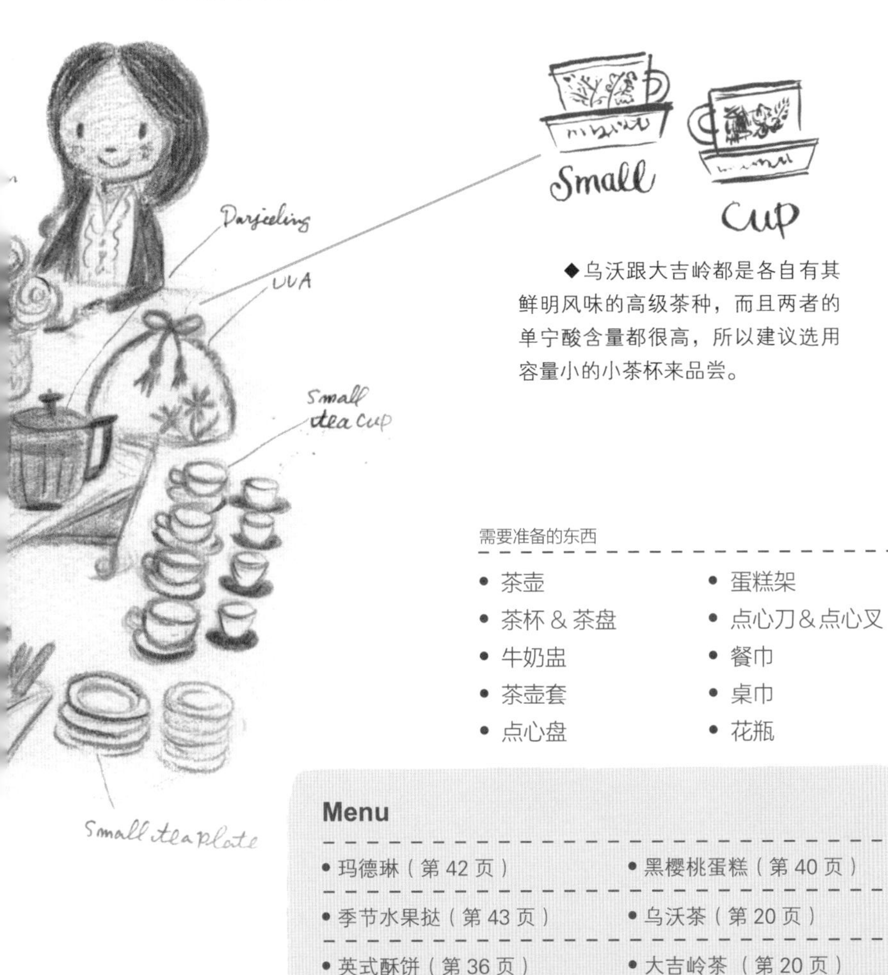

◆乌沃跟大吉岭都是各自有其鲜明风味的高级茶种，而且两者的单宁酸含量都很高，所以建议选用容量小的小茶杯来品尝。

需要准备的东西

- 茶壶
- 茶杯 & 茶盘
- 牛奶盅
- 茶壶套
- 点心盘
- 蛋糕架
- 点心刀&点心叉
- 餐巾
- 桌巾
- 花瓶

Menu

- 玛德琳（第 42 页）
- 黑樱桃蛋糕（第 40 页）
- 季节水果挞（第 43 页）
- 乌沃茶（第 20 页）
- 英式酥饼（第 36 页）
- 大吉岭茶（第 20 页）
- 三明治点心 2 种（第 43 页）

High Tea for Many Guests

傍晚开始的成年人的茶会

举办这种招待的人比平常更多并提供轻食的茶会时，一定要定出茶会的时间表。一般把时间定在 1.5~2 小时，就以这样的标准去安排茶会程序吧。

◆红茶要分成两壶冲泡，所以一定要准备茶壶套。只要有茶壶套，就能让茶水保温 40 分钟。

冲泡大量红茶（5 杯以上）的时候，茶叶的分量以及浸泡时间都要注意。另外，这两种茶叶的风味完全不同，每位宾客也各有其喜好，因此要连同热水添加壶、牛奶盅、糖罐一起端上桌。只要稍加用心，即使人数较多，也能让每一位宾客都满意地享用红茶。

◆点心分量也需要很多，可准备方便预先做好的种类。但如果准备的全都是这类点心会显得不够丰富，所以还要考虑准备一些能在茶会开始时才出炉，还热乎乎的点心。

◆设有边桌的话会很方便。可在边桌上集中放置叉子、点心盘、餐巾、茶壶等等。点心盘可以准备两种款式。花饰的分量可以比平常多一些。不必使用全套餐具，但整体的色调须统一，方能给人留下深刻的印象。

需要准备的东西

- 大号茶壶
- 茶杯 & 茶盘
- 大号牛奶盅
- 糖罐
- 茶壶套
- 热水添加壶
- 点心盘
- 蛋糕架
- 叉子
- 餐巾
- 桌巾
- 花瓶

Menu

- 饼干 3 种（第 35 页）
- 苹果挞（第 43 页）
- 玛芬（第 38 页）
- 巧克力蛋糕（第 41 页）
- 三明治点心 2 种（第 43 页）
- 汀布拉茶（第 20 页）
- 腌黄瓜
- 阿萨姆红茶(奶茶)(第 68 页)

Good Tea Hunting in Sri Lanka

寻找最优质的锡兰红茶

亲自走访产地的原因

去斯里兰卡挑选茶叶，我一般不会去茶叶拍卖市场，而是要亲自走进茶园，用试饮的方式选茶。这样做是为了和茶园经理们直接对话，把日本人的口味传达给他们，以便这种需求能够实际反映在红茶的栽培与成品的品质上。

在印度，红茶生产总量的大约40%是供国民消费的，因此可以认为印度红茶的生产初衷就是为了满足印度国民的口味需求。这样的印度红茶，味道很少出现大幅变动。相比之下，斯里兰卡红茶的95%以上用于出口，国内消费只占5%，这就导致锡兰红茶的味道、品质并非按照斯里兰卡人的喜好，而是根据各进口国的动向在变化。

那么锡兰红茶都出口去了哪里呢？令人意外的是，俄罗斯为最大的进口国，日本排在第9位，余下的第3 ~ 10位均为中东和近东国家。以红茶大国的身份为世界树立榜样的英国，以及红茶人均消费量位居世界第一的爱尔兰并未上榜。

各国对红茶的需求不尽相同。中东和近东人看重外观，又黑又长的茶叶是他们想要的。这样的茶叶大都属于低地茶。出于宗教原因，他们必须以茶代酒，喝浓郁的红茶。俄罗斯人喝红茶的理由则与水质有关。由于当地水质偏硬，俄罗斯人需要整天喝冲淡的红茶，于是，性价比就成了他们在购茶时最看重的因素。

日本人的口味需求

日本人又如何呢？很多时候，日本人就算没有茶点，也可以细细地品一杯茶。他们可以喝出不同产地茶叶的优点，对各种味道都颇有见地。例如绿茶，日本人就可以做到按照产地和制法去享用。

可以说，日本人所具备的素质使他们能够在香气、味道、口感、色泽等所有层面上理解什么是最优质的茶。

近年来，日本人对饮品的追求，特别是对咖啡品质的追求已全面提升，即使是在便利店里有时也能喝到美味的咖啡。但唯独红茶，在我看来还停留在三十年前的水准。充斥市场的不是瓶装红茶，就是新鲜度不达标的国外品牌茶叶，完全喝不出红茶应有的滋味。只有在对待红茶时，人们的标准始终未变。我想，这恐怕是因为日本人没有机会喝到新鲜美味的红茶吧。

透过红酒看红茶

为了方便理解红茶，不妨先说说红酒。在日本，喝红酒看产地算不上什么陌生概念，精通此道的人甚至会追捧著名的酒庄，或是以谈论博若莱的新酒为乐。应该说日本人对红酒的理解还是有深度的。

其实红茶和红酒之间有很多相似之处。一如生长在同一片土地上的葡萄，隔一条马路做出来的红酒就不是一个味道；生长在同一片土地上的红茶，也会因茶园和经理的不同而表现出完全不同的味道。采茶时的天气、当天的温度和湿度、制茶的工艺，正因为在所有因素上都贯彻了自己的理念，每座茶园才生产出了只属于这座茶园的风味。

只要去茶园试饮就能了解到，各茶园为了生产出独具特色的优质红茶，在味、香、后味等方面有着怎样的执着追求。我从他们口中进而了解到，和其他国家的访问者不同，日本人就算来茶园参观，也从不和当地人谈论自己对口味和品质的需求。因此我想，我应该把日本人的喜好传达出去，这既是为了让茶园种出与之相符的红茶，也是为了让日本停滞不前的红茶水准得以发展。

把真正的美味带到日本

经常能见到“产地采购”这个说法，但是我想说的是，在科伦坡的拍卖市场上从中间商手里买茶叶和去到茶园里边听经理讲茶园近况边买茶叶，这两种方式截然不同。我去茶园试饮的时候，就算和经理的关系再好，也绝对不会买不合喜好的茶叶；我只和能够接受这一前提的经理打交道。这不仅是专业与否的问题，更是原则问题。

斯里兰卡拥有丰富的自然资源，国土面积与北海道相当，却拥有 8 项世界遗产，是个富有魅力的国家。在红茶生产方面，斯里兰卡人以诚实、热忱的性情，持续为世界供应最优质的茶叶。遗憾的是，锡兰红茶的优异之处并未在日本得到正确的推广。且不说不同产地之间的味道差异，现状是大部分茶叶只被当作调制茶的配料，并被粗略地称为“锡兰红茶”，而且无人在意茶叶的味道是否已经劣化。

我想把出产优质锡兰红茶的茶园介绍到日本，也想亲手去调制不同产地的红茶。前往斯里兰卡、在不同的产地结识优秀的茶园经理、了解高品质的红茶，这些都是为了能够实现这个目标。

Hello Milk Tea Lover!

你好呀，奶茶同好！

很多红茶爱好者也很喜欢奶茶。

本章会介绍别具特色的奶茶制作方法，以及适合搭配的点心食谱。

“奶茶”这个名词，带有一种欢愉的魅力。

连平常不爱喝红茶的人，也会被“奶茶”这个词的温暖印象感染而喜欢上它。

不觉得奶茶是一种带着温馨、亲切氛围的饮料吗?

比方说，顶着寒风回到家，喝杯热奶茶就可以让身心都暖和起来，让人深刻地体会到小小一杯茶所带来的力量。

去寻找能让你回想起“家”的奶茶吧!

All you need is a cup of milk tea !

milk & Honey!
since 1992

Chapter 4

Milk Tea Lesson

一起寻找
好喝的奶茶吧

奶茶是什么?

很多人因为奶茶温馨的颜色和味道而对它情有独钟，但是当被问道“喜欢什么样的奶茶”时，给出的答案又大都是模糊的。

全世界的人都爱奶茶。人们对奶茶的喜爱，甚至催生出了一种名为“牛奶审查”的鉴定机制，用于判断一种红茶是否与牛奶相契合。据说在英国，90% 以上的红茶都是被做成奶茶后喝掉的。能够将红茶与个性强烈的牛奶完美结合，这便是奶茶最大的特色，也是其魅力所在。

除了茶叶和牛奶，甜味和香辛味在奶茶中也扮演着重要的角色。包括甜味和香辛味“都不放”的情况在内，各种个性鲜明的味与香的组合，构成了奶茶千变万化的色与味。为了运用这 4 种滋味混搭出心仪的奶茶，多花些功夫去尝试吧。

如果在喝奶茶的时候也想吃一点东西，不妨从茶点的角度出发，选择与之相搭配的奶茶来制作吧。说到与奶茶合得来的食物，三明治、饼干，还有司康、派，这些都是不错的选择。

制作奶茶时很重要的一点，就是要想清楚什么是“自己心目中好喝的味道”，然后在不断的尝试中一点点接近目标。千万不要想着一次就能做成，哪怕只是缩短了一点与理想的距离也是好的。请一定要在多次尝试后做出属于自己的原创奶茶。

根据当天的心情，感受你心中需要的好味道

根据当天的心情、TPO（time、place、occasion），还有佐茶的食物，挑选恰如其分的奶茶原料，期待由不同组合带来的惊喜吧。

要点是先在心中形成对“美味奶茶”的想象，然后在不断的尝试中向目标靠近。不要期待一次就能成功，而是经过多次努力，逐渐将理想中的奶茶变为现实。

令奶茶焕发光彩的4要素

茶叶

能够和牛奶唱对手戏的茶叶，味道一定要有力道，否则会被牛奶的浓郁掩盖过去。（第 65 页）

牛奶

不是为了消除红茶原本的风味，而是要在相融中展现美丽的色彩。（第 64 页）

甜味

和茶叶的关系融洽，能够使整体的味道更协调。（第 66 页）

香辛味

能够中和红茶的涩味，使奶茶的味道更复杂、更有层次感，变得更好喝。（第 67 页）

适合冲泡奶茶的牛奶

跟红茶搭配的奶类需要符合“不盖过红茶的风味”以及“能使茶汤的颜色变成漂亮的奶褐色”这两个条件。因此牛奶是最适合的。接着，让我们来看一下目前市面上贩售的各种牛奶的特色。

◆ 鲜奶

除了乳脂肪比例为 3%~4% 的生乳以外，没有其他添加物，是一般市售乳制品中最常见的。另外泽西奶牛产的奶未经加工就含有 5% 左右的乳脂肪，味道香浓，但因为产量稀少，所以价格也较高。

◆ 低温杀菌鲜奶

在 61℃ ~ 65℃条件下加热 30 分钟杀菌的牛奶，最适合饮用。一般杀菌时会在 120℃ ~130℃条件下加热 1~3 秒钟，但这样的方式会让蛋白质因高温而产生变化，影响风味。

◆ 低脂牛奶 · 无脂肪牛奶

加入脱脂奶粉的加工乳品，味道以及颜色都较淡。可能有人觉得用这种乳品可以制作出奶味较淡的奶茶，但其实这样会造成水分过多，使得整体味道变得太淡，所以并不建议使用。

◆ 浓缩鲜奶

在生乳中加入鲜奶油或是浓缩乳类、奶油、脱脂奶粉等制成的加工乳品。乳脂肪比为 4%~4.5%，味道浓郁，但是不会像奶精或新鲜的鲜奶油那样盖过红茶的风味。适合加在阿萨姆红茶中。

◆ 炼乳

将完全杀菌的牛奶浓缩到 40% 的乳品。通过适当的使用方法，可制作出美味的奶茶。

什么是“口感醇厚”的奶茶?

我们常常会以“口感醇厚”来形容奶茶，我认为，醇厚指的是红茶是主角，其滋味浓厚，同时使用的乳制品也十分浓郁（新鲜鲜奶油、咖啡用奶精等乳脂肪比例可达到 30%~45%）。使用乳脂肪比例高的奶制品泡奶茶的话，茶的香气与颜色都会被盖过风头，所以我个人不会单用这些奶制品。若一开始就考虑好最后想要完成的状态，可以在冲泡时往牛奶里混入少量新鲜鲜奶油或炼乳，如此就能调制出富有特色的奶茶。（比例是 100 毫升牛奶里加入约 1 大匙新鲜奶油或炼乳。）

Tea Leaves

适合冲泡奶茶的茶叶

要选择风味绝对不会输给牛奶的茶叶。

具体来说，就是那些可以泡出颜色较深、茶味也较浓的茶汤的茶叶。

◆ **Assam 阿萨姆（印度红茶）**

经典王室奶茶

茶汤深红色，带有浓郁的甘甜味。阿萨姆红茶在加入牛奶后会给人一种“终于得以完成”的感觉，呈现出浓郁的奶褐色，是既醇厚又甘甜的奶茶。

◆ **Ruhuna 卢哈纳（锡兰红茶）**

新的经典奶茶

卢哈纳带有独特的红糖香气，后味清爽，因此可以泡出不掺杂其他滋味的奶茶。较深的茶汤颜色也很美丽。

◆ **Uva 乌沃（锡兰红茶）**

独一无二的清爽奶茶

带有独特的刺激香气，与牛奶混合后便可冲泡出清爽又带有水果风味的奶茶。牛奶与甜味剂可压下乌沃茶叶中的涩味，茶汤呈现带有漂亮金黄光泽的褐色。

◆ **Dimbula 汀布拉（锡兰红茶）**

规规矩矩的正统奶茶

山地特有的这种茶叶所泡出的奶茶，虽然清淡却口味独特。可以完好地保留茶叶的风味。

◆ **Keemun 祁门（中国红茶）**

对肠胃没有负担的奶茶

带有烟熏的香气，和牛奶十分合拍，适于冲泡不那么浓厚、较为甘甜的奶茶。特级祁门红茶会带来一种水果芳香。

除了上面介绍的几种茶叶，康提红茶、肯尼亚红茶等则可以泡出没有强烈风味、容易入口饮用的奶茶。

◆ **Flavor 风味茶**

丰富多彩的奶茶

1. 水果风味：草莓茶、白桃茶、伯爵茶等。酸味搭配牛奶可冲泡出清爽的滋味。

2. 糖果风味：香草茶、焦糖茶等。非常甘甜，泡出的奶茶可以算是“甜点茶”。

3. 坚果风味：杏仁茶、榛果茶等。可以搭配巧克力饮用。

4. 香辛风味：生姜茶、肉桂茶、胡椒茶等。对身体很有好处，适宜在寒冷的时节饮用。

适合冲泡奶茶的甜味剂

奶茶的甜味是通过调和红茶与牛奶的风味而取得的。甜味剂种类众多，冲泡奶茶时，我个人会准备下面这几种。不管哪种甜味剂都有其个性（风味和甜度），因此可不要忘记结合茶叶选择甜味剂。

◆ Granulated Sugar 砂糖

容易溶解又没有特殊气味，味道比较淡，因此是一种广泛适用于红茶的甜味剂。犹豫不决的时候就选它吧。不过，砂糖中的日本精制上白糖味道比较特殊，也容易改变红茶茶汤的颜色，因此要注意选择茶叶。

◆ Coarse Sugar 粗糖

一种晶体比砂糖粗大、有光泽的高纯度砂糖。独特的风味具有透明感，可以同白兰地、利口酒一起加入奶茶，感受成人的味道。

◆ Brown Sugar 红糖

直接用甘蔗汁熬成的糖，风味强烈，甜度浑厚。

打算细细品味一杯浓郁的卢哈纳奶茶时可以加些红糖。

◆ Beet Sugar 甜菜糖

由甜菜头提炼而成。含大量天然低聚糖，据说可以让身体暖和起来。甜度柔和、有层次感，适合浓郁的奶茶。

◆ Honey 蜂蜜

虽然加入蜂蜜会使茶汤颜色变深，但是蜂蜜会根据花朵的不同而具有不同的香气，因而能调制出风味各异的奶茶。请多多尝试各种各样的蜂蜜吧。另外，蜂蜜会让红茶茶汤颜色变深，因此要注意选择茶叶。

◆ Maple Syrup 枫糖浆

这是精制枫树的树液做成的糖浆，有着浓郁的香气与独特的甜味，甚至会盖过茶叶，但在想要享受枫糖浆的风味时还是会添加。

适合冲泡奶茶的香料

在奶茶里加入香料不但可以调和茶的涩味并提出茶韵，还可以促进人体新陈代谢，对身体很好，因此可以常用香料。香料有粉末状的也有叶片状的，大多都有较硬的外皮，建议稍稍捣碎之后再跟茶叶一起放在茶壶中浸泡。另外，使用预先煮过 15 分钟香料的水来泡香料奶茶时，效果也会不错。香料之中也是有适合用来泡奶茶的类型的。

◆ Cinnamon 肉桂

单独使用很棒，也可以跟其他香料搭配使用。可搭配阿萨姆红茶。

◆ Nutmeg 肉豆蔻

少量使用。适合用于以阿萨姆红茶或卢哈纳红茶调制而成的浓郁奶茶。

◆ Clove 丁香

因为味道比较刺激，请少量使用。适合用于浓郁奶茶。

◆ Cardamom 小豆蔻

剥开皮使用黑色的种子。适合用于浓郁奶茶。

◆ Ginger 姜

很容易搭配的香味，尤其适用于锡兰红茶等调制的爽口奶茶。

◆ Black pepper 黑胡椒

可以和其他香料组合使用，做出爽口的奶茶。

◆ Anise 茴香

甜味单纯而清爽，适合搭配锡兰红茶。

◆ Bay leaf 月桂叶

根据红茶茶叶的分量，剪成小片跟其他香料搭配组合使用。

◆ Vanilla 香草

大众熟悉的香甜味。跟枫糖浆也很搭。

◆ Chamomile 德国洋甘菊

只要加入一匙，就会让奶茶带上治愈的香气。

◆ Peppermint 薄荷

适合做成饭后享用的清爽奶茶。

◆ Lavender 薰衣草

可营造有个性的风味。只要使用少许，就可以让奶茶具备变成茶会主角的风味。

奶茶的冲泡方法

虽然一口喝下去都是奶茶，但每个人中意的味道是不一样的。总的来说，奶茶分为3种：浓郁的奶茶、清淡的奶茶、用锅煮的奶茶。就先从这3种最基本的奶茶的冲泡方法学起吧。

冲泡美味奶茶的3个要点

1. 茶叶要多放
   多放一点，以免被牛奶盖住味道。
2. 用开水泡茶，浸泡久一点
   用牛奶泡红茶是泡不出味道的。
3. 牛奶不要热过头
   高温加热牛奶会产生异味（硫化物），盖过红茶的风味。

■浓郁的奶茶

“浓郁的奶茶”并不是指“多放牛奶”，而是“浓郁的红茶+牛奶”。每当我冒出“想喝奶茶”的念头时，基本上都会这样制作。

1. 用大火煮沸刚刚从水龙头接出来的水。
2. 按人数在加热过的茶壶或茶杯中放入茶叶。要多放些。茶包的话可以放2个。
3. 倒入沸水的量 = 打算制作奶茶的量 - 牛奶的量。倒入沸水后慢慢浸泡4～5分钟（牛奶的用量参考第70页）。
4. 倒入稍微加热的牛奶（200毫升牛奶，微波炉加热约1分钟），再浸泡2分钟。
5. 滤掉茶叶（取出茶包）。

* 刚上手的时候不要凭感觉，而要严格计算分量和浸泡的时间。
* 向茶壶和茶杯里倒热水的时候要在下面放隔热垫，这样能避免热量流失，让红茶的美味成分充分释放。
* 推荐的红茶：阿萨姆、卢哈纳、汀布拉、大吉岭秋摘。

■清淡的奶茶

虽说是做清淡的奶茶，我们仍要最大限度地发挥茶叶原有的味道。想必很多人都喜欢直接饮用第一杯，把第二杯做成奶茶吧。包括这种情况在内，用下面的方法一定能让你做出既清爽又不失韵味的美味奶茶。

1. 用大火煮沸刚刚从水龙头接出来的水。
2. 按人数在加热过的茶壶或茶杯中放入茶叶或茶包。
3. 倒入沸水，慢慢浸泡 2 ~ 4 分钟。
4. 滤掉茶叶（取出茶包）。
5. 将茶水倒入盛有常温牛奶的杯子里。

* 浸泡的时间要久，在茶壶和茶杯下面垫上隔热垫吧。尤其是第一杯直接饮用、第二杯做奶茶的时候，茶容易凉，要注意。
* 用这种方法做奶茶，不要使用味道浓重的牛奶，或是咖啡奶油和淡奶油，那样会盖过红茶的风味。
* 推荐的红茶：乌沃、汀布拉、大吉岭夏摘。

■用锅煮的正宗印度奶茶

要点是放入茶叶后不能将水煮沸。另外要注意牛奶的温度。这样便能发挥出茶叶原本的味道，用锅也能煮出完美保留红茶风味的印度奶茶。

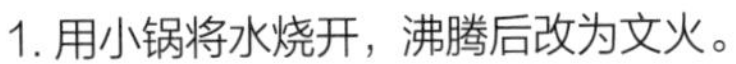

1. 用小锅将水烧开，沸腾后改为文火。

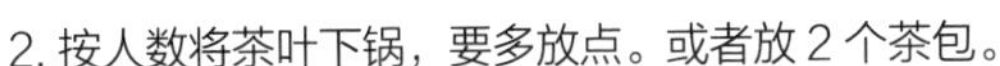

2. 按人数将茶叶下锅，要多放点。或者放 2 个茶包。

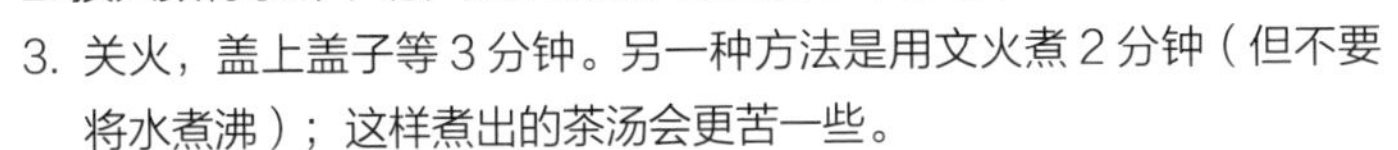

3. 关火，盖上盖子等 3 分钟。另一种方法是用文火煮 2 分钟（但不要将水煮沸）；这样煮出的茶汤会更苦一些。
4. 放入牛奶和砂糖，再用微火煮 1 分钟左右，奶茶快煮沸时就起锅。

* 不要用冷水煮茶叶，而是沸腾后再放茶叶。
* 最后放牛奶，不要在牛奶里煮茶叶。（第 71 页）
* 牛奶煮得太烫会产生特殊的味道，最好放一些香辛料。
* 推荐的红茶：阿萨姆、卢哈纳、萨伯勒格穆沃。

牛奶与红茶的比例

只要改变牛奶与红茶的比例，奶茶的颜色与味道就会截然不同。非常有趣！可以依照当时的心情或是选用的茶叶种类、牛奶的质地来改变比例，享受不同风味的奶茶。

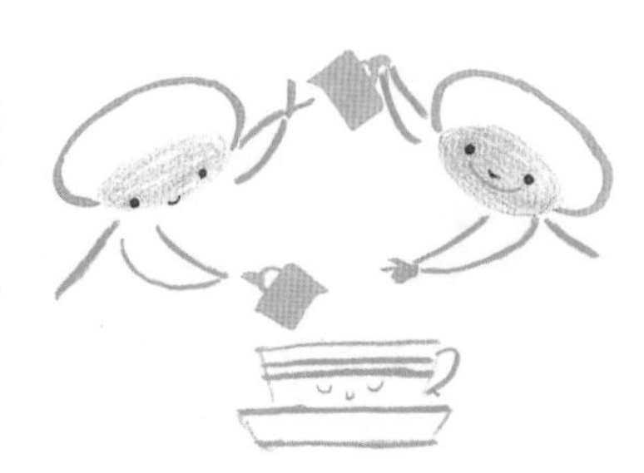

4 : 1

红茶 4 ：牛奶 1 在杯子里加入牛奶然后倒入红茶，这时牛奶占整体的比例为 15%~20%。选用印度红茶或中国红茶的话，可再多加一点儿牛奶。若是用锡兰红茶，则可少加一些。这个比例大多适用于没有添加其他香料的红茶，加入利口酒调味时也可以遵循。牛奶要使用常温的。

3 : 1

红茶 3 ：牛奶 1 大多用于冲泡香浓奶茶。使用锡兰红茶或是有特殊风味的奶类时，会选择这样的比例。牛奶要使用热过的（200 毫升的话，用微波炉热 1 分钟）。

2 : 1

红茶 2 ：牛奶 1 这是我最常使用的比例。用于以阿萨姆红茶、卢哈纳红茶、风味茶做成的奶茶。一定要以香浓奶茶的做法来冲泡。牛奶要用热过的。

1 : 1

红茶 1 ：牛奶 1 非常温和的风味。一定要以香浓奶茶的做法来冲泡。牛奶要用热过的。茶叶选用无论颜色还是风味都很强烈的阿萨姆或是卢哈纳，也可以添加香料。对我个人来说，牛奶的比例上限就到这里为止。如果牛奶加得太多，就无法冲泡出带有足够茶香味的奶茶了。

*原则上，比例是依照个人喜好决定的。但是温度降得越低，牛奶就要加得越少。另外也要小心不要让茶香以外的香味过于强烈。

How's Your Milk Tea?

冲出的奶茶好喝吗?

到底是该在杯子里先加牛奶再加茶，还是加茶之后再加奶呢?

奶茶浓郁的风味来自红茶的涩味成分与牛奶中的酪蛋白成分混合并发生化学作用之后，营造出的温顺口感。如果在热红茶中加入牛奶，牛奶的温度会急速升高，导致酪蛋白来不及与红茶的涩味充分混合就变质了，牛奶特有的气味也会散发掉，不能有效地抑制茶涩味。如果反过来一开始就加入牛奶，再慢慢注入热红茶的话，牛奶的温度则会逐渐上升，便不容易产生前述状况。当然，牛奶与红茶的比例也会左右奶茶的风味，但冲制奶茶时还是先加入牛奶吧。

最适合制作奶茶的牛奶温度是多少?

制作香浓风味的奶茶时使用 57℃左右的牛奶（以 200 毫升牛奶的分量为例，在锅里用小火加热 3 分钟或是用微波炉热 1 分钟左右的温度）。如果要制作清爽口味的奶茶，常温也可以。

为什么不能高温加热牛奶?

因为只要加热到 60℃左右，牛奶表面就会产生一层膜，附着乳脂肪等成分，使营养流失，也导致牛奶的味道跟香气变淡。另外，高温会导致牛奶的部分成分变质，原本具有的柔化红茶口感的效果也会因此减弱。

牛奶加热之后会有一股特别的味道，这是为什么呢?

牛奶加热到 76℃ ~78℃就会产生一股特别的味道。这是温度上升导致牛奶中的蛋白质分解而产生含硫成分的挥发造成的。这种味道是让红茶香气消失的强力因子，所以请不要高温加热牛奶。

为什么不能把茶叶放入牛奶里煮?

牛奶所含的酪蛋白成分会包覆茶叶，使叶子卷曲变成胶囊状。因此在牛奶中浸泡焖煮茶叶的话，无法释出红茶的美味成分。

为什么不把茶叶用火煮沸呢?

茶叶一经冲泡，继续加热就会有种让人不舒服的苦涩味，并会吸收空气中的氧气进而氧化，导致颜色跟味道变质，所以不能这样加热红茶。

可以往长时间浸泡后变得很浓的红茶中加牛奶然后制成奶茶吗?

浸泡太久的红茶会产生让人不喜欢的苦涩成分，即使加入牛奶，那种苦涩的味道仍然会残留在口中不会消失。所以一定要温热另一个茶壶，通过滤茶器倒入浓度适当的红茶茶汤，并套上茶壶套保温。

Milk Tea Recipes

奶茶配方

向大家介绍搭配甜点或轻食都很合适的配方

如果问“喜欢哪一种茶”的话，有蛮多人会回答奶茶。以奶茶作为迎宾茶也非常合适。我个人喜欢在用餐的时候搭配没有甜味的清爽奶茶，饭后则常常泡一杯加入香料的香浓奶茶。冲泡有变化的奶茶时，一定要记住让茶叶在热水中完全浸泡舒展开来，从而使红茶的味道全部释放出来。

有变化的奶茶全部以冲泡香浓奶茶的方法来制作，这是基本原则。

如果想制作独家口味的奶茶，一定要先仔细考量红茶的风味特色，以及牛奶、甜味剂和香料的种类与分量，再决定冲泡方式。

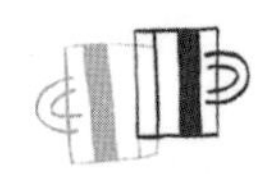

以下配方都是以 2 杯（300 毫升）为基准。

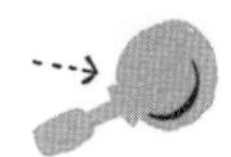

量取茶叶时请一定要使用茶量匙。

香料与茶叶要一起浸泡。

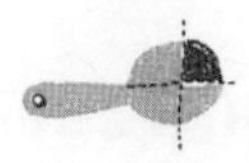

香料可依个人喜好的比例添加，但以 1 杯的分量来看，香料大约放入 1/4 小匙较为适当。

洋酒的香气很强烈，所以大约加 1 小匙就够了。

Cambric Tea

坎布里克奶茶

这种奶茶因为加入了蜂蜜与牛奶而呈亚麻色。如果有点咳嗽症状的话，可以再加入姜和茴香。

◆ 2 匙红茶・200 毫升热水・100 毫升牛奶・姜・3 小匙茴香・蜂蜜（浸泡时间 4 分钟）

推荐的红茶：阿萨姆、卢哈纳

Masala Tea

玛萨拉茶

饭后喝可以减轻胃食道逆流的状况。

◆ 2 大匙红茶・150 毫升热水・150 毫升牛奶・小豆蔻・肉桂・丁香・3 小匙砂糖（浸泡时间 5 分钟）

推荐的红茶：阿萨姆、卢哈纳、康提

Chamomile Milk Tea

洋甘菊奶茶

据说洋甘菊含有促进血液循环的成分，柔和的风味可以舒缓情绪。

◆ 2 匙红茶・200 毫升热水・100 毫升牛奶・1 小匙洋甘菊・1 大匙枫糖浆（浸泡时间 4 分钟）

推荐的红茶：努沃勒埃利耶、汀布拉、大吉岭

Rumanian Milk Tea

罗马尼亚奶茶

罗马尼亚盛产以水果制成的白兰地。

◆ 2 匙红茶 · 200 毫升热水 · 100 毫升牛奶 · 1.5 小匙樱桃白兰地 · 3 小匙砂糖（浸泡时间 4 分钟）

推荐的红茶：汀布拉、康提

Earl Grey Milk Tea

伯爵奶茶

伯爵红茶不仅可以冰起来喝，制成热奶茶也很好喝，搭配枫糖浆更是完美。

◆ 2 匙伯爵红茶 · 200 毫升热水 · 100 毫升牛奶 · 1 大匙枫糖浆（浸泡时间 4 分钟）

Soy Milk Tea

豆奶茶

推荐使用没有怪味的调和豆奶。适合与和风茶点一起享用。

◆ 2 匙茶叶 · 200 毫升热水 · 100 毫升豆奶 · 1 大匙蜂蜜（浸泡时间 4 分钟）

推荐的红茶：阿萨姆、卢哈纳

Mint Milk Tea

薄荷奶茶

带有清爽甘甜的香气，很受欢迎，适合搭配巧克力口味的甜点。

◆ 2 匙红茶・200 毫升热水・100 毫升牛奶・1 小匙薄荷・2 小匙砂糖（浸泡时间 4 分钟）

推荐的红茶：汀布拉、努沃勒埃利耶、大吉岭

Jolly Milk Tea

微醺奶茶

晚饭后想与客人尽兴愉悦地喝茶时，就是这一杯了。

◆ 2 匙苹果红茶・200 毫升热水・100 毫升牛奶・2 小匙白兰地・2 小匙砂糖（浸泡时间 4 分钟）

英国奶茶

在英国，如果提到下午茶就是奶茶。1610 年茶从中国传入欧洲时，分为中国绿茶以及半发酵茶等，因此有直接饮用冲泡得淡一点的茶的喝法，而不加牛奶。之后，喝茶的习俗广为流行，而且茶叶以发酵茶为主，所以饮用方式变成加入牛奶与砂糖使之变得香浓再喝。另外要提到的是，我曾试着在日本冲泡英国奶茶，但是茶叶种类、牛奶的浓度以及最重要的水质都有差异，所以想要重现其实十分困难。英国的水是硬水，所以泡出的茶汤颜色很深，但是却不带涩味。因此，即使冲泡出的奶茶颜色相同，味道与香气也完全不一样。在考量要冲泡什么风味的红茶时，水是非常重要的。其实除了水质，每次在研究“为什么国家不同，红茶的风味就会有差异”时，都会发现红茶还与文化及历史等有关系，非常有意思。

Chapter

5

Easy to Cook Tea Food

为大家介绍让奶茶变得更好喝的甜点与轻食

Tasty Tea Foods

让肚子饱饱的 22 道食谱

开心地做点心吧

对我来说，奶茶不只是在午茶时间搭配甜点享用的，也适合随意吃些轻食时饮用。

这里会介绍让奶茶更好喝的甜点和轻食。

◆分量预设为 3~4 人的茶会可以一次吃完的量。

◆请选用三明治专用薄吐司。

◆三明治在要准备开动时再切成小份。

◆切蛋糕或三明治的时候，刀尖要斜斜地切入，以前后移动刀尖的方式切开。

每次都要将沾在刀刃上的馅料或是奶油等擦拭干净再切下一刀，这样切口才会干净漂亮。

动手制作甜点之前

这些都是不太花时间、随手就能完成的简易食谱。

请先静下心来仔细阅读做法和流程，扎实地记住之后，再依照自己的节奏开始制作。

◆一般会用到的模型（推荐特氟龙加工模具，非常方便）

直径 15 厘米的圆形容器

直径 15 厘米的派盘

小号磅蛋糕模

15 厘米 x 20 厘米的方格模

直径 7 厘米的玛芬模（6 个）

◆ 利用本书食谱时的制作标准

如果对口感没有特殊要求的话，面粉指低筋面粉，奶油指无盐奶油，砂糖指白砂糖，蛋需要大颗的，1 杯等于 200 毫升，大匙指 15 毫升，小匙指 5 毫升。烘焙时间与温度则视情况而定。

Farmers Meat Loaf

农村肉饼

朴素简单又好吃

在 250 克牛肉馅里加入半个切碎的中型洋葱、1 大匙切碎的欧芹、1/3 杯磨碎的切达干酪粉、半颗蛋、1 片用 60 毫升牛奶浸泡过的吐司、少许盐、少许黑胡椒、1 大匙番茄酱、半匙黑醋酱、半小匙蜂蜜、半小匙鼠尾草、半小匙辣椒粉之后，混合均匀。然后把肉馅放入小号磅蛋糕模，以 210℃烤 35 分钟。用竹签插入会流出透明肉汁的话，就烤好了。

Meat Loaf Tea Sandwitch

农村肉饼三明治

西洋芹的香气会挑起食欲

给薄吐司涂上辣黄油酱，夹入肉饼、全熟水煮蛋和西芹，然后切成小份上桌。

Salmon Mustard Pie

芥末鲑鱼派

这是适合 High Tea 的料理

将 250 克马铃薯连皮一起煮熟之后剥掉皮捣成泥，然后加入 10 克黄油、1 大匙稍微切碎的欧芹、100 克罐头鲑鱼肉并混合均匀，再加入少许盐和胡椒以及 1.5 小匙芥末。将材料倒入抹好黄油、直径 20 厘米的派盘中，并把表面抹平，然后随意摆上 10 克黄油，以 210℃ 烤 20 分钟。烤到表面稍微有点焦黄即可。

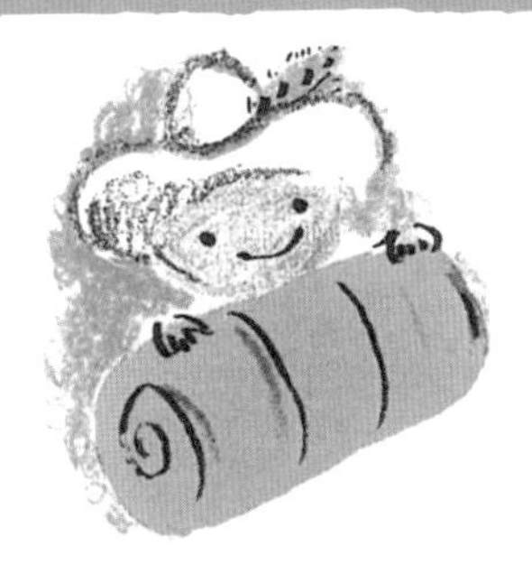

Tea Time Chicken Roll
午茶鸡肉卷

一道做法简单的点心

取250克鸡腿肉，并用盐跟胡椒调味，然后裹上鸡皮，以棉绳固定成卷。用锅煮沸800毫升水，然后放入鸡腿卷、30克洋葱片、30克切成长条薄片的芹菜、1片月桂叶、1小匙盐，并用中火炖煮。煮的时候要不时翻转一下方向。煮至水量剩余一半左右时将鸡肉卷取出，等到完全冷却再将棉线剪开。要吃的时候切成小片。放在冷藏库中可保存3天左右。

Chicken Roll Tea Sandwitch
午茶鸡肉卷三明治

口感多汁

准备4片薄吐司，涂上辣黄油酱，夹入4片切成片状的鸡肉卷、西红柿丁和生菜，再于每层之间涂上以1小匙西芹、1小匙洋葱碎末跟1大匙蛋黄酱混合而成的酱料，切成小份上桌。

Potato Bacon Pie
马铃薯培根派

带着去野餐

把250克马铃薯连皮一起煮熟之后剥掉皮捣成泥，趁热加入10克弄碎的黄油后静置冷却。再混入半个切碎的中型洋葱、2片切碎并用黄油拌炒过的培根，并以盐、少许胡椒、1小撮肉豆蔻调味。带有一点点咸味即可。最后将材料倒入抹好黄油、直径20厘米的派盘中，并把表面抹平。再铺上切成4厘米大小的培根块共2.5片，以210℃烤28分钟。烤到表面稍微有点焦黄即可。

Merry Cheese Toast
烤乳酪吐司
现在流行的口味

把 50 克磨碎的切达干酪粉、1 大匙腌黄瓜泥和 1/4 小匙姜粉混合均匀，然后涂在切过边的吐司上，烤到表面稍微带焦黄色之后切成小块上桌。

Cinnamon Toast
肉桂焗烤吐司
不论多少都吃得下

烤 4 片吐司，然后涂上黄油。将 2 大匙砂糖、半小匙肉桂、1 大匙水倒入锅中混合，以中火煮到微微冒泡后等待 15 秒关火。将煮好的糖浆涂到吐司上再烤一次，然后切成小块上桌。

Nuts Honey Toast
坚果蜂蜜烤吐司
这个好好吃!

将 2 大匙蜂蜜、1 小匙黄油融于锅中，再加入 3 大匙切碎的坚果，煮熟后就关火。把做好的果酱涂在 4 片薄吐司上并烤过，然后切成小块上桌。

Banana Walnuts Scone

香蕉核桃司康（10 个）

当成早餐吧

将 120 克低筋面粉、1 小匙泡打粉一起过筛到盆中，加入 40 克切成骰子状并捏碎的黄油，混合均匀。然后加入 20 克砂糖、15 克胡桃碎和 30 克香蕉泥。调和 15 毫升牛奶和 1 大匙蛋汁，然后边一点一点地加入，边用手将面团揉捏成高尔夫球大小的圆形。把捏好的圆球放在烘焙纸上，涂上刚刚调好的蛋液（如果有剩下一点点的话），以 170℃ 烤 15 分钟到 18 分钟。

Crumpet

小圆烤饼

不需要模型，随意轻松就能制作

将 100 克低筋面粉过筛到盆子里，混入 2 克干酵母、2 克盐、2 克砂糖，再把 125 毫升稍微加热过的牛奶加进去混合均匀。用保鲜膜封住盆子，在室温 28℃下静置 30 分钟使其发酵。给热锅抹油，使用直径 6 厘米的勺子把面团放进锅中，开小火煎烤。当面团表面干燥并开始出现小洞的时候，翻面再煎另一边。可以加上奶油或果酱一起享用。已经煎过了，因此可以冷冻保存。

Orange & Lemon Shortbread

橘子柠檬奶油酥饼

柠檬的酸味好清爽

将 90 克低筋面粉、15 克粳米粉过筛到盆子里，用手指捏碎 50 克切成骰子状的奶油，并加入盆中混合。再加入 25 克砂糖、1 小匙切碎的橘子皮和 1 大匙柠檬汁。用手将面团揉成 1 厘米厚、10 厘米长、8 厘米宽的四方形，再切成九等分的长方形，并用叉子在表面戳洞，然后放在铺有烘焙纸的烤盘上，以 190℃烤 25 分钟。

Scarlet Jam
红色果酱

午茶时间就选用这鲜红色的果酱吧

将 300 克冷冻蔓越莓放在常温下回温，待其变软之后加入 120 克砂糖并开火熬煮。需要煮 15 分钟左右，煮的时候不要特别去搅拌。然后加入 1 大匙柠檬汁，当黏稠度达到用木匙轻轻画圆搅拌就能看见锅底时关火。可依照个人喜好加入利口酒。保存期限为 2 周。

Honey Butter
蜂蜜黄油

适合简单的下午茶时享用

均匀混合 50 克在室温下变得柔软的黄油以及 1 大匙蜂蜜即可。可以搭配司康、小圆烤饼或烤吐司。

Carrot Cake
胡萝卜蛋糕

配上以锡兰红茶制成的奶茶

轻柔地将 50 克黄油打发至呈白色之后，依序加入 50 克砂糖、1 大匙打散的蛋黄、半小匙柠檬汁、半小匙朗姆酒、30 克胡萝卜泥、2 大匙碎葡萄干，然后再过筛加入 80 克低筋面粉、20 克杏仁粉、1 小匙泡打粉并混合均匀。最后倒进抹好黄油、直径 15 厘米的派盘中，以 170℃烤 25 分钟。

Walnuts Cocoa Biscuits
核桃巧克力饼干

适合搭配加了利口酒的奶茶

轻柔地将 45 克黄油打发至呈白色之后，依照顺序加入 30 克砂糖、1 大匙打散的蛋黄，然后再过筛加入 70 克低筋面粉、15 克可可粉并混合均匀。把面团分成 10 份，揉搓成圆球状之后压扁。在正中间放上对半切开的核桃，放在铺有烘焙纸的烤盘上，以 170℃烤 20 分钟。

Peanut Butter Cake
花生酱蛋糕

要吃时马上就可以做好

搅拌 60 克含糖的花生酱使其变得柔顺之后，依照顺序加入 60 克砂糖、1 个打散的蛋黄，然后再过筛加入 80 克低筋面粉、1 小匙泡打粉并混合均匀。最后将面团倒进抹好黄油、直径 15 厘米的派盘中，可依个人喜好撒 1 大匙花生碎粒，以 170℃烤 21 分钟。

Brown Sugar Coconut Cake
红糖椰香蛋糕

带有浓郁的香气

将 50 克低筋面粉、1 大匙红糖过筛加入盆中，加入 12 克融化的黄油，然后将所有的材料揉成一整个面团。把面团压进抹好黄油、直径 15 厘米的圆形模型中，以 200℃烤 10 分钟。在 1 颗蛋中加入 3 大匙红糖打发，然后依序加入少许香草精、15 克低筋面粉、1/4 小匙泡打粉、半杯椰子粉、半杯核桃碎粒，均匀混合之后，倒入已经烤了 10 分钟的模型中，并以 200℃ 再烤 13 分钟。

Honey Tart

蜂蜜挞

烤好的颜色与形状好可爱

将 120 克低筋面粉过筛，用手指捏碎 60 克切成骰子状的黄油并加入混合。再加入 1 小撮盐、20 克砂糖、1 大匙蜂蜜和半个蛋黄，将全部的材料揉成一整个面团，包上保鲜膜放入冰箱中静置 1 小时。然后放入直径 15 厘米的派盘，将面团均匀地摊到 3 毫米厚，以 210℃ 烤 9 分钟到 12 分钟。然后从上方倒入用 1 个打发的蛋白和 1 大匙蜂蜜做成的蛋白霜，再撒上少许干燥薄荷叶，以 200℃烤 10 分钟左右，到蛋白霜呈漂亮的金黄色即告完成。烤好后请尽快食用。

Orange Juice Cake

橙汁蛋糕

适合搭配口味清爽的奶茶

轻柔地将 50 克黄油打发至呈白色之后，依序加入 60 克砂糖、1 个打散的蛋黄、1 大匙切碎的橘子皮、35 毫升橘子汁和 15 毫升牛奶，然后再过筛加入 100 克低筋面粉、1 小撮盐、1 小匙泡打粉。把面糊倒入抹好黄油、直径 15 厘米的派盘中，以 170℃烤 20 分钟。

Sweet Potato Cake

红薯点心

让人想拿来当作伴手礼

把 250 克红薯去皮之后切成圆片蒸熟，捣成泥。在红薯泥中加入 1 小匙蜂蜜、45 克砂糖、1/4 小匙肉桂、1 大匙鲜奶油并搅拌均匀。将材料分成 10 份之后，用保鲜膜卷起来。上面放点儿核桃片也很好吃。

Flat Oni Manju
扁红薯馒头

适合搭配用锡兰红茶制成的奶茶

把 200 克红薯去皮之后切成 1.5 厘米见方的小块。把 70 克低筋面粉、40 克粳米粉、半小匙泡打粉、少许盐、2 大匙砂糖过筛，并加入 25 毫升牛奶、25 毫升水混合搅拌，然后加入切好的红薯块。在蒸笼里铺好料理纸，把面糊倒在上面并铺成圆形，蒸 20 分钟左右。上桌前再切成适当的大小享用。

一起享受 High Tea
Let's have a High Tea

High Tea 是苏格兰、英格兰农村跟工业区的习惯性茶会。人们会在每天大约傍晚 6 点工作结束时吃晚餐。晚餐多用肉和鱼做成，饮料则一定是红茶。不过到近代已经演变成用酒精饮料搭配简单的轻食小点的方式。换作现在，我们的 High Tea 应该是在出门欣赏什么表演之前，先提早一两个小时和朋友约在家里，喝点加了利口酒的红茶这样的形式吧。

Old-fashioned High Tea

High Tea 菜单

蜂蜜黄油面包（第 84 页）
鲑鱼和小黄瓜三明治（第 43 页）
马铃薯培根派（第 81 页）
汤匙饼干（第 115 页）
英式酥饼（第 36 页）
巧克力蛋糕（第 41 页）
阿萨姆奶茶（第 68 页）
罗马尼亚奶茶（第 74 页）
乌沃红茶（第 20 页）

Sewing Bee

Chapter

6

Jolly Thermos Milk Tea Time

带着红茶出门吧

Let's Have a Picnic Tea!

带着红茶去郊游

有时候，想要带上一满壶浓浓的奶茶外出享受下午茶时光；有时候，就只是想在外头也能喝到自己泡的美味红茶。

带着特制的奶茶去朋友家拜访并搭配点心一起享用，好像也很棒呢！

因此计划了好多想要实际试试的有趣点子。

◆带着保温瓶享受午茶时光

在拟定外出享用的菜单时，需要注意的重点是，不要花费太多功夫准备。

不管是菜单还是整体的器具搭配，请以轻松方便为主吧！

不要大费周章，简单利落地做好你最拿手的就好。

＊红茶会因为泡太久而变得浑浊，如果要装进保温瓶带出门，建议把红茶做成奶茶。

1 Quick Tea Basket

转换心情的念头一旦出现，马上就能出门
但下午茶的话，还是要慢慢地悠闲享受

◆虽然要带出门，但还是建议使用陶瓷材质的杯子。

◆饼干是无须使用模具、马上就能做出来的类型。

◆使用冰箱里就有的食材，利落地做成三明治，再用保鲜膜包起来。

Menu

- 午茶鸡肉卷（第 81 页）
- 汤匙饼干（第 115 页）
- 小黄瓜三明治（第 43 页）
- 坎布里克奶茶（第 73 页）

2 School Girl Tea Basket

提着餐盒参加女孩们的聚会吧

吃得开心，聊得也开心

◆薄饼干是烤得薄薄的大片饼干。用彩色的蜡纸或是玻璃纸把饼干一片片叠起来包好，再打上蝴蝶结的话会很可爱，也能当成礼物。

◆往午餐盒里装的时候，三明治的尺寸要符合盒子的尺寸，塞得刚刚好。

Menu

- 烟熏鲑鱼吐司（第 43 页）
- 香蕉核桃司康（第 83 页）
- 芥末鲑鱼派（第 80 页）
- 薄饼（第 36 页）
- 伯爵奶茶（第 74 页）

3 Picnic Tea Basket

带着踏青的心情

◆用免洗餐具的话感觉有点可惜。找块布把家中的刀叉以及小汤匙包起来，这样就可以带着出门了，请一定要试试看！

◆如果身边有附带盖子的可爱小容器会很方便。制作腌渍蔬菜的时候，只要用小瓶子腌渍，就可以连瓶直接带去野餐。

Menu

- 肉饼三明治（第 80 页）
- 花生酱蛋糕（第 85 页）
- 农夫饼干（第 114 页）
- 卢哈纳奶茶（第 68 页）
- 薄荷奶茶（第 75 页）

4 Business Girl Tea Basket

道声“辛苦”的茶会时光

◆圆形的木盘很轻，又可以在上面切东西，非常好用。野餐篮里最好预备一组刀子加上木盘。

◆自己做甜点就可以放入各种当季的水果，相当有意思呢！可以把小饼干装在可爱的小罐子里，让大家传着分享。

Menu

- 核桃巧克力饼干（第 85 页）
- 橘子柠檬奶油酥饼（第 83 页）
- 橙汁蛋糕（第 86 页）
- 洋甘菊奶茶（第 73 页）

5

Golden Tea Basket

有着丰富美味食物的午茶时光

◆也可以把午茶篮里的每一样小东西都送给朋友，这样就成了饱含心意的豪华礼物。决定好整体的装饰颜色之后系上小卡片，再一一写上想要说的话，可以让礼物看起来精致可爱。

◆面包很快就会变干，所以如果要携带三明治外出享用，一定要用湿润的布、保鲜膜或蜡纸把三明治包起来。

Menu

- 蜂蜜挞（第 86 页）
- 红薯点心（第 86 页）
- 马铃薯培根派（第 81 页）
- 苹果火腿三明治（参考第 43 页的做法）
- 葡萄干饼干（第 35 页）
- 罗马尼亚奶茶（第 74 页）
- 冰奶茶（第 104 页）

让午茶时光更有意思的布艺品

试着亲手做做茶壶套、隔热垫、餐巾布等这类能让午茶时间更加方便与惬意的小物件吧。

不只是让红茶变得更好喝，还可以自由地设计属于自己的午茶气氛。

◆茶壶套的制作方法

对一般人来说，热饮“好喝”的温度大概是70℃，而茶壶套之所以可以让茶水保持这样的温度达40分钟左右，是拜里面塞入的饱满的棉花所赐。

另外，茶壶套既是固定的喝茶用具，也是可以发挥创意并容易制作的物品。英国有人偶、鸟笼、小房子等各式各样造型的茶壶套。做成礼物送给别人的话，对方一定也会很开心！如果制作一组与茶壶套花色同系列的隔热垫，在浸泡茶叶和倒茶的时候，可以把它们垫在茶壶下，非常方便。

茶壶套（Size M）

1　表布与里布各 2 片，另加 1 厘米缝份，然后剪裁布料。

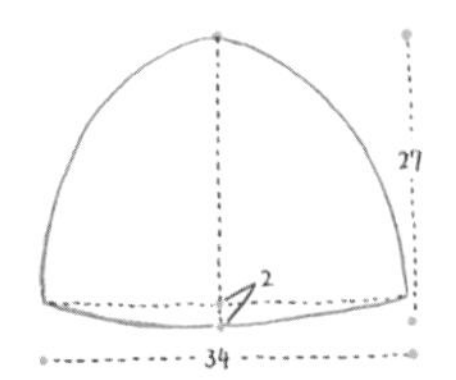

2　表布与里布布料正面朝内对齐，车缝底边，用熨斗烫开缝份之后翻到正面。

3　将表布那一面放在内侧，对齐两组布之后，车缝底部以外的部分，但需要留返口。

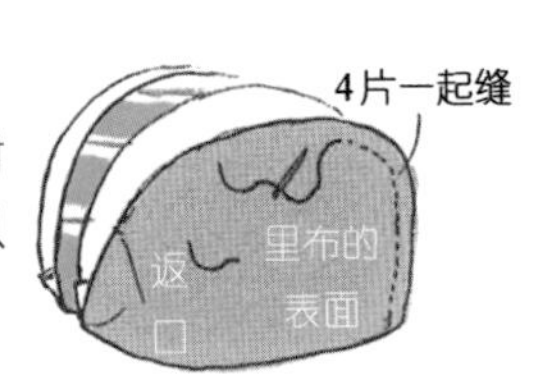

4　均匀地塞入棉花后，沿着完成线缝合返口。缝份处可做 Z 字型车缝或试用包边带包起来。

5　翻到正面，在顶端缝上蝴蝶结之后就完成了。

隔热垫

* 裁下表布与里布各一片，加 1 厘米缝份。建议选用即使沾到红茶也不易显脏的颜色。
* 沿着完成线缝制，留一边不缝。翻到正面后，轻轻地均匀塞入棉花再缝合返口。

如图示，做四方形的压缝。

To My Glass

喝上一杯
让心情变得爽快

Summer Tea 并不单单是“夏日饮品”的意思。

可以开开心心用玻璃杯喝的饮料，还有随手做做就能吃得开心的茶点，这些都是 Summer Tea。

不只是在夏天，我们一整年里随时都可能没来由地感到疲倦或是神经紧绷。可以让心情变得爽快、感到放松舒适或是刺激食欲的，会是些什么呢？

可能是清爽的冷饮，也可能是暖暖的花草茶；或许是风味独具的食物，也或许是开心愉快的聊天对话。

它们成为我们的力量，让我们能去追寻更多让自己感到愉快、心情更为广阔的各种事物。

Have a nice glass of tea！

Chapter 7

Iced Tea Lesson

适合在炎热的
天气饮用的冰红茶

What is the Tasty Iced Tea?

冰红茶也有很多种

在我看来，冰红茶有两种。一种是又浓又涩，喝起来就是红茶味道的冰红茶。我自己管这种叫正统冰红茶。另一种是用冷萃的方法做出来的冷萃冰红茶。

过去我一直偏爱正统的冰红茶，但是近些年来，我重新认识到了冷萃冰红茶那种具有透明感的魅力。想尽情享受红茶原本的味道就选正统冰红茶。想像喝水一样咕咚咕咚地喝个痛快，又担心会给疲惫的身体和肠胃造成负担的话就选冷萃冰红茶。请根据当天的心情和 TPO，灵活选择冲泡方式。

冲泡美味冰红茶的要点

1　茶叶的选择

根据你心目中的冰红茶来选择茶叶吧。

提神的冰红茶：努沃勒埃利耶、大吉岭初摘

爽口的冰红茶：乌沃、汀布拉

冰奶茶：阿萨姆、卢哈纳

可以豪饮的冰红茶：康提、肯尼亚

2　冲泡方式

· **On the rocks（加冰）（第 103 页）**

可以强烈感受到红茶风味的正统冰红茶

· **冷萃（第 105 页）**

具有透明感又柔和，可以大口喝个痛快的冰红茶

3　冰

一定要买成品冰块。相比家里自制的冰块，成品冰块的冰冻过程更缓慢，结晶更大，不容易融化，因此不会把红茶冲淡。强烈推荐！

Authentic Iced Tea

冰红茶

为了充分品味红茶，最常见的冰红茶冲泡方式是“加冰块”。以此方式冲泡的话，常常会发生茶水里有白色混浊物的现象。这称为“cream down”（白浊现象），是温度下降，导致茶汤中由单宁酸与咖啡因结合而成的让人感到茶好喝的美味成分凝固而形成的。虽然白浊现象并不会影响茶的口感，可是外观实在不太讨喜。

避免产生白浊现象的 3 个要点

1. 选用单宁酸含量较低的茶叶。
2. 抑制单宁酸的抽出量。
3. 急速冷却茶汤，让单宁酸与咖啡因不易结合。（通过急速冷却的方式也能锁住红茶的香气。）

冰红茶的冲泡方法

虽然需要注意以上三点，努力冲泡出清澈透明的冰红茶，但也别忘了，单宁酸是红茶之所以美味的重要因素。一起来冲泡没有白浊，既漂亮又好喝的冰红茶吧。

1. 跟冲泡热红茶一样，用大火在短时间内煮沸新鲜的清水。
2. 把一茶量匙的茶叶放到已用热水温过的茶壶中。
3. 注入半茶壶已经煮沸的热水，浸泡 2 分钟。
4. 通过滤茶器将茶汤倒入另一个茶壶里。如果想要甜味，此时加入 1~2 茶匙的白砂糖。
5. 在玻璃杯中放入冰块（九分满），从上方将红茶淋到冰块上，瞬间冷却红茶。

* 若是过于在意产生白浊现象，就可能会冲泡出淡而无味并且毫无香气的红茶。以泡出好喝的红茶为目标吧。

* 若是出现了白浊现象，就调整一下茶叶的分量和浸泡的时间吧。冲泡奶茶时也是如此。

适合用来冲泡冰红茶的茶叶：康提，汀布拉，努沃勒埃利耶皆可，也可选用香气强烈的伯爵红茶。

Iced Royal Milk Tea

皇家冰奶茶

总会想要像喝热红茶一样，将红茶的美妙滋味充分提炼出来，然后冰冰地享用。但很容易在冲泡的时候产生白浊现象。冲泡成浓浓的皇家奶茶，然后冰得凉凉的，就不用担心白浊现象，可以开心地享用美味的红茶了。

■皇家冰奶茶的冲泡方法

1. 煮沸新鲜的清水。

2. 根据饮用的人数放相应分量的茶叶到已用热水温过的茶壶中。若是使用茶包，使用两个。

3. 在茶壶中注入半壶煮沸的热水，并充分浸泡，这样便能泡出味道相当醇厚的红茶。若需要添加甜味剂，则在浸泡后再放。

4. 在玻璃杯中放满冰块，然后倒入半杯冰牛奶。

5. 最后倒入红茶，一口气冷却，避免红茶的香气飘散。红茶会和牛奶清晰地分成两层，在饮用前搅拌匀就好。推荐使用吸管来喝。

*往奶茶里加些砂糖的话，更能带出其香醇的茶涩味与风味。

*使用茶汤颜色较深的茶叶时能泡出漂亮的亚麻色冰奶茶。

适合用来冲泡皇家奶茶的茶叶：阿萨姆，卢哈纳。

Cold brew Iced Tea

冷萃冰红茶

用冷萃的方法泡红茶，茶叶中的单宁酸和咖啡因等美味成分不会释放到茶水中。不过也正因如此，冷萃红茶喝起来不会那么浓，口感也没有那么涩，是一款可以减轻身体消耗、喝起来没什么负担的夏季冷饮。做出美味冷萃红茶的必要条件是一定要使用新鲜的茶叶。正因为是冷萃，才必须是高品质茶叶。

■基本的冷萃冰红茶

冷藏一晚 400 毫升冷水

取一只冷饮壶或其他容器，倒入 400 毫升水，放入 2 个茶壶茶包（每包约 4 克茶叶）或普通茶包。放进冰箱冷藏一晚就做好了。

即使是同一种茶叶，泡在不同种类的水里（例如不同硬度）也能做出不一样的冰红茶。

■自制瓶装冷萃冰红茶

数小时 常温

取一瓶 500 毫升的瓶装饮用水，放入 2 个茶壶茶包（每包约 4 克茶叶）或普通茶包，摇晃 20 秒。之后在常温下放置几个小时就做好了。

短时间内就能做成，而且可以随身携带。喜欢喝凉一点的，可以加冰。

■碳酸冷萃冰红茶

冷藏一晚 470 毫升碳酸水

取一瓶 500 毫升的瓶装碳酸水，先倒出约 30 毫升，然后放入 2 个茶壶茶包（每包约 4 克茶叶）或普通茶包。放进冰箱冷藏一晚就做好了。

窍门是先摇晃 20 秒再喝。拧开瓶盖的时候动作要慢。这种带甜味的汽水很适合拿来待客，制作完成后的冰红茶非常诱人。

Iced Tea Recipes

冰红茶配方

不仅限于酷暑时，一整年都想享用的冰红茶配方

在制作冰红茶时，常常会加入一些带有甜味的其他素材，所以除了冲泡红茶的茶壶之外，请再准备一个大壶，通过滤茶器把茶汤倒入那个大壶中。

请选用白砂糖。

请选用无糖纯果汁。

依照配方上的指示按顺序加入素材。

跟自家制作的冰块比起来，市面上贩售的冰块凝结体积较大，因此较不容易融化，且呈透明状态，更适合用来制作冰红茶。

Welcome Iced Tea

迎客冰红茶

2 个茶壶茶包（每包约 4 克茶叶）或普通茶包 · 500 毫升汽水

◆在 500 毫升的瓶装汽水中放入水果风味茶，冷藏一晚。饮用时倒在小号玻璃杯中。

推荐的红茶：努沃勒埃利耶、水果风味茶（桃子、草莓）

Fruits Separate Tea

双层果茶

1 匙汀布拉红茶茶叶 · 100 毫升热水 · 3 小匙砂糖 · 20 毫升葡萄柚果汁（浸泡时间 2 分钟）

◆以加冰块的方式来制作含糖冰茶时，要小心地从上方加入葡萄柚汁。喝之前，先用吸管搅拌均匀。让茶漂亮地分成两层的小秘诀是在制作含糖冰茶时多加一些糖。

推荐的红茶：汀布拉、康提

Summer Squash

夏日果茶

1 匙茶叶 · 70 毫升热水 · 30 毫升柳橙汁 · 20 毫升姜汁汽水（浸泡时间 2.5 分钟）

◆以加冰块的方式来制作冰茶，最后再加入柳橙汁与姜汁汽水。

推荐的红茶：伯爵红茶、柑橘果茶

Iced Chamomile Milk Tea

洋甘菊冰奶茶

1 匙红茶・1 小匙干燥的洋甘菊・80 毫升热水・1 小匙白砂糖・70 毫升牛奶（浸泡时间 4 分钟）

◆冲泡方法与皇家冰奶茶相同（第 104 页），但在浸泡时需要将干燥的洋甘菊与红茶茶叶一起浸泡。

推荐的红茶：汀布拉、康提

Iced Cambric Tea

坎布里克冰奶茶

1 匙红茶・80 毫升热水・1/2 小匙姜汁・2 小匙蜂蜜・60 毫升牛奶（浸泡时间 4 分钟）

◆冲泡方法与皇家冰奶茶相同。（第 104 页）

推荐的红茶：阿萨姆、卢哈纳

Holiday Milk Tea

假日奶茶

1 匙红茶・2 大匙椰奶（粉）・2 小匙白砂糖・80 毫升热水・50 毫升牛奶（浸泡时间 4 分钟）

◆冲泡方法与皇家冰奶茶相同。（第 104 页）在滤过茶汤并倒入大壶以后，再加入椰奶（粉），并搅拌使其均匀溶化。

推荐的红茶：阿萨姆、卢哈纳

Mid-summer Punch

盛夏水果冰茶

1.5 匙红茶・70 毫升热水・2 小匙白砂糖・半颗柠檬榨的汁・2 大匙青柠汁・2 大匙朗姆酒（浸泡时间 2.5 分钟）

◆在加好砂糖并已经稍稍放凉的热红茶中混入其他材料，然后倒进放了冰块的玻璃杯中。

推荐的红茶：汀布拉、康提

Everytime Iced Milk Tea

随时都可以享用的冰奶茶

基本上，以加冰块的方式制作而成的冰红茶是无法事先做好然后保存一段时间的。但如果是冰奶茶的话，就可以放进冰箱保存一整天。只要到了夏天，我一定会随时备着这样的冰茶。想喝的时候，马上就能倒进杯子里咕嘟咕嘟地大口喝，非常方便。另外，想要装进水壶里外出时饮用的话，我也大力推荐这种冰凉茶饮。

冲泡方法（以 1 升的量为例）

1. 煮沸新鲜的清水。

2. 在温过的茶壶里放入茶叶，倒入热水，浸泡约 4 分钟。若需要香料，就在这个时候添加。

3. 将泡好的茶倒入冷水壶，并添加白砂糖以增加甜味。

4. 在冷水壶中倒入冰牛奶，然后放入冰箱冷藏。

所需材料（以 1 升的量为例）

茶叶 10 匙（约 20 克）

热水 500 毫升

白砂糖 4 大匙

牛奶 500 毫升

* 推荐在浸泡茶叶时加入肉桂、丁香、肉豆蔻等香料。

Chapter 8

Easy to Cook Summer Tea Food

来制作
适合在炎热的季节
搭配红茶享用的点心吧

Summer Tea Food

24 款简单食谱

一起制作冰爽沁凉的夏日甜点

这里介绍在炎热的时节，适合搭配红茶来享用的一些点心。

◆使用的香草皆为干燥花草。

◆制作冰淇淋时，请使用金属或是珐琅材质并带有盖子的容器。要用木汤匙搅拌材料。

◆冰点心请于当日食用完毕。

◆材料为供三四个人一次下午茶吃的分量。

◆此份食谱的标准：如果不需要特别表现口感，使用的面粉均为低筋面粉，黄油则为无盐黄油，砂糖指白砂糖，蛋需要取用大个儿的，1 杯代表 200 毫升，大匙代表 15 毫升，小匙代表 5 毫升。烘焙时间与温度则视情况而定。

烘烤所需的时间和温度都不麻烦，不过烤箱一定要按要求预热到指定的温度。

1 Simple Tea Food

不甜的茶点

提到红茶一般就会想到甜点，但也可以选择带点咸味的点心，比如芝士小饼干，如同享用轻食一般搭配红茶。没有食欲的时候，可以选择这类小点心，这个吃一小口，那个也试一点点。

Sesame Biscuit
芝麻饼干

总之就是好吃

将120克低筋面粉、1小匙泡打粉、1大匙芝麻和少许凯宴辣椒过筛加入盆中，用手指捏碎60克骰子大小的黄油，再加入35克过筛的切达干酪并搅拌均匀。加入1个蛋黄并把盆里的材料揉成面团之后，用锡箔纸将面团包起来放入冷藏库静置2小时。随后把面团揉成直径4厘米的长条，再切成5毫米厚的片状，并在表面涂上蛋白、铺撒上白芝麻，然后以180℃烤19分钟。

Welsh Rarebit
威尔士吐司

也是一道传统点心，名字的由来是比喻这种吐司的口感就像兔肉一样很有嚼头

在厚锅中融化1大匙黄油之后，加入35克过筛的切达干酪、1小匙黄芥末、1大匙啤酒、1小匙黑醋酱、1小匙山葵酱和少许黑胡椒。把全部材料融化并混合均匀后得到的酱料涂抹在吐司上，送入烤箱烘烤。

Farmer's Biscuit
农夫饼干

营养丰富，并且看起来就缤纷多彩

先用黄油拌炒 30 克洋葱末、30 克彩椒末（红色与绿色），再加入 2 小匙芥末酱。炒的时候小心不要炒焦了。然后把 75 克低筋面粉、1/2 小匙泡打粉以及 1 小匙砂糖放入盆中，用手指捏碎并投入 25 克骰子大小的黄油。最后加入炒好的蔬菜以及 2 大匙牛奶，把面团揉成葡萄大小的一个个圆球，从中间压扁做成饼干的形状，以 180℃烤 30 分钟。

Shortbread Biscuit
奶酥饼干

坎布里克冰奶茶的完美搭档

将 60 克黄油以及 40 克砂糖混合并打发，呈白色之后，加入 20 克上粳米粉、20 克杏仁粉、70 克低筋面粉以及 1 个蛋黄并搅拌均匀。将面团揉成长条状后放入冷藏库静置 2 小时，取出并切成 5 毫米厚的片状，于表面涂上蛋白，铺上杏仁片，以 180℃烤 18 分钟。

Pepper Biscuit
胡椒饼干

做成细长状也不错

将 110 克低筋面粉、少许盐和 1/2 小匙粗磨黑胡椒粉均匀混合后过筛并倒进盆子里。用手指捏碎 60 克骰子大小的黄油并混入盆中，再加入 25 克帕马森干酪和 1 颗蛋揉制成面团。随后将面团放进冰箱中静置 2 小时，取出后揉成直径 3 厘米的长条，再切成 5 毫米厚的片状并撒上红辣椒粉，以 180℃烤 20 分钟。

Salty Pudding

咸布丁（6 个）

搭配香料奶油与奶酪

将 100 克低筋面粉放入盆中，加进 2 颗蛋和少许盐混合均匀。再加入 200 毫升牛奶并小心搅拌均匀，使其成为无颗粒状的面糊。最后把面糊放进抹了黄油的玛芬模型中，以 230℃烤 15 分钟。

Salty Pie

咸派

直接饮用冰红茶时很合拍

将 125 克低筋面粉、1/2 小匙盐放入盆子里，用手指捏碎 60 克骰子大小的黄油并混入其中。再加入 2 大匙冷水混合，并把整个面团用保鲜膜包起来放进冷藏库静置 2 小时。取出后把面团擀平，切成 5 厘米大小的方形，并将混合了 50 克茅屋奶酪、1 罐金枪鱼、少许黑胡椒的馅料铺在正中间。对齐面饼的边缘并做成三角形，用叉子沿着边缘压合后以 200℃烤 17 分钟。

Spoon Biscuit

汤匙饼干

随兴自在，简单就可做成

轻柔地将 30 克黄油打发至呈白色之后，加入 1 大匙糖粉、1/2 个蛋。依序加入 30 克酸奶、1 大匙葡萄干和少许香草精并混合均匀。在 50 克低筋面粉中加入 1/4 小匙泡打粉和少许盐之后过筛加入盆中。用汤匙一勺一勺地挖起面团并且排列在烘焙纸上，以 180℃烤 17 分钟。待其完全冷却后可以撒上糖粉做最后装饰。

2

Unbaked Tea Food

不用烘焙的茶点

让夏天的厨房不再闷热的开心食谱

Earl Gray Pudding

伯爵红茶布丁

适合夏日的清爽口感

先将1大茶量匙伯爵红茶用50毫升热水冲泡成茶汤，需3分钟。然后加热200毫升牛奶，注意不要把牛奶煮到沸腾，并加入1.5大匙砂糖与5克吉利丁粉。待砂糖和吉利丁粉溶解后，混入伯爵红茶的茶汤。冷却之后，加入1个蛋黄混合均匀并倒入小碗，放入冰箱冷却2小时左右。

Summer Cheese Cake

夏日奶酪蛋糕

可以在旁边摆上切片水果

将1大匙以微波炉加热融化的黄油加进35克饼干碎末中，然后铺入直径15厘米的模型里。混合100克奶油奶酪、2大匙砂糖、1大匙柠檬汁，加入50毫升事先打发到七分的鲜奶油。然后加入溶有5克吉利丁粉的50毫升热水，并搅拌均匀。最后把以上混合物倒进模型里，放进冰箱中冷却2小时。

Unbaked Biscuit

不用烤的饼干

味道香浓，切成小块吃

将60克葡萄干、70克砂糖、30克黄油放入锅中，煮沸后就关火。放凉后，加入1/2个蛋、2小匙牛奶和少许香草精，再煮一次。冷却之后加入50克核桃碎粒与1杯弄碎的玉米谷片并混合均匀。然后把材料倒进15厘米大小的圆形模型中，用汤匙压平，并撒上1大匙椰子粉，静置等到变硬定型为止。

Lemon Crunch Cake

柠檬脆粒蛋糕

不论做过几次都会想再做

将100毫升炼乳倒入托盘，然后放进冷冻库冷冻1小时，取出后加入用1颗柠檬榨出的柠檬汁并混合均匀。另外，打发1个蛋，并加入30克砂糖与少许盐，然后加入溶有5克吉利丁粉的50毫升热水，把这些搅拌均匀之后也倒入托盘。然后将1/2杯玉米片、2大匙用微波炉加热融化的黄油、2大匙砂糖均匀混合后铺在上面，放进冰箱冷却2小时。

3
Cold Tea Food

冰爽沁凉的茶点

这些冰凉的食谱中加了很多蛋跟牛奶，看一眼就让人拥有缤纷的好心情。无论是搭配浓浓的冰奶茶或是温热的香草茶都很适合。

Girl's Trifle
女孩最爱的查佛蛋糕

可以用各种不同造型的玻璃容器盛装

在150毫升鲜奶油中加入25克砂糖并打发。然后依序加入10克切碎的柠檬皮、10克橘子皮、2大匙橘子汁、2小匙柠檬汁。将60克撕成小块的海绵蛋糕或蜂蜜蛋糕放进玻璃杯中，然后铺上8个对切的草莓，再加上鲜奶油。要在上桌前2小时就放在冰箱中冰镇。

White & Yellow
白与黄

跟绿色的餐垫很搭

往1个蛋黄里加入40克砂糖、1小匙低筋面粉和1小匙玉米粉，混合之后倒入锅中，再兑入200毫升牛奶。开小火用木铲拌炒面糊，小心不要烧焦。把面糊煮成奶油状之后关火，加入1小匙香草精、2大匙朗姆酒并混合均匀。放凉后，把煮好的点心装进玻璃杯中，打发1个蛋白并加入1小匙香草精，铺在上面。

Iced Fruit Fool
冰凉果泥

用小小的玻璃容器盛装，再放上一根小汤匙

将罐头水果（西洋梨或是黄桃）捣成泥状，加入1小匙柠檬汁、1小匙蜂蜜。然后再混入100毫升打发到八分的鲜奶油，把混合好的果泥装进玻璃杯中并用鲜薄荷叶点缀。

Summer Pudding
夏日布丁

在英国，是初夏时享用的红色甜点

将1杯蔓越莓、1杯草莓切片和1/4杯水放入锅中煮5分钟左右，然后加入20克砂糖。将去边的吐司切成5厘米大小的块状，并贴放在玻璃大碗的内侧。接着，慢慢地倒入刚刚加热好的水果，把碗放在冰箱中冷藏一晚。上桌前，把布丁倒扣到盘子上，并用打发到七分的鲜奶油装饰。

4

Herbal Tea Food

香草茶点

可以让你在调整体内平衡的同时又能享受午茶时光的，就是添加了花草成分的点心。这些食谱包括风味自然单纯的冰淇淋等。很简单，谁都能轻松上手。

Ginger Biscuit

姜饼

有点廉价老点心的怀旧味道

轻柔地将60克黄油打发使其呈白色之后，加入45克三温糖*、25毫升蜂蜜、1颗蛋和1小匙姜泥并混合均匀。在200克面粉中添加1/2小匙小苏打粉，混合后揉入材料中。将揉好的面团放进冰箱静置2小时，取出后揉成直径4厘米的长条，再切成5毫米厚的片状，以180℃烤13分钟。

* 日式精制黄糖，加热后呈焦黄色，尤为甘甜，常用于制作日式点心。

Hibiscus Ice cream
洛神花冰淇淋
健康又好吃

用50毫升热水冲泡10克洛神花，冲泡时间为5分钟，然后加入1/2个柠檬榨的汁以及1大匙橙汁并放凉。混合1个蛋黄和70克砂糖，然后加入150毫升打发到七分的鲜奶油。最后混入洛神花茶汤，并倒进有盖子的平坦容器中，再放进冰箱冷冻室。注意要时常搅拌，不要使其结冻。在冷冻的3小时内要一直重复这样的动作。（尽量使用金属容器。）

Herb Honey
香草蜂蜜
搭配咸派享用

往500毫升蜂蜜中加入2大匙新鲜迷迭香，然后用微波炉把蜂蜜加热到融化并搅拌均匀。（香草可以换成其他喜欢的。）

Chocolate Mint Biscuit
薄荷巧克力饼干
配上热热的薄荷茶，刚刚好！

轻柔地将60克黄油打发至呈白色，加入50克砂糖混合均匀。加入2大匙干薄荷叶、90克低筋面粉、30克可可粉，把材料揉成一团之后放进冰箱静置2小时。取出后，把面团揉成直径4厘米的圆形长条，再切成5毫米厚的片状，以190℃烤15分钟。

Orange & Tea Sorbet

香橙红茶雪酪

在当天好好享用吧

冲泡100毫升浓浓的伯爵红茶，往茶里加入1大匙蜂蜜并搅拌至完全溶解，然后静置冷却。接着加入250毫升橙汁，再倒进有盖子的平坦容器中，放进冰箱使其结冻。2小时后，用叉子刮松结冻的部位使之呈冰沙状，重复同样的步骤2次。

Lavender Ice cream

薰衣草冰淇淋

适合搭配古董玻璃杯享用

用50毫升热水冲泡2大匙干燥的薰衣草，浸泡5分钟，制成薰衣草茶放凉备用。将150毫升鲜奶油打发至七分左右，加入1个蛋黄和50克砂糖，混合均匀。然后加入薰衣草茶汤并倒进金属容器里，放进冷冻室。注意要时常搅拌，不要使其结冻，冷冻的3小时内要一直重复这样的动作。

Lemon grass Ice cream

柠檬草冰淇淋

跟柠檬的味道有那么一点不同的美妙滋味

用100毫升热水冲泡3大匙柠檬草，浸泡5分钟，放凉备用。将100毫升鲜奶油打发至七分左右，加入1个蛋黄、2大匙砂糖和100毫升牛奶、1小匙柠檬汁并混合均匀。然后加入柠檬草茶汤 倒进平坦的金属容器中，放进冷冻室。注意要时常搅拌，不要使其结冻，冷冻的3小时内要一直重复这样的动作。

Rose Cake

玫瑰奶油蛋糕

用糖霜做装饰，是用于派对的蛋糕

用3大匙白兰地浸渍3大匙干燥玫瑰花与1/4杯白葡萄干一晚。轻柔地将50克黄油打发至呈白色之后，加入1大匙牛奶、35克砂糖和1个蛋并混合均匀。再加入浸渍好的葡萄干与玫瑰花，以及75克低筋面粉和1/2小匙泡打粉，并混合均匀。把搅拌好的面糊倒进抹了油的15厘米圆形模型中，以170℃烤25分钟。最后添加鲜奶油。

令人欣喜的保健与美容功效

想必大家都听说过绿茶对美容和健康的好处，特别是绿茶中的维生素 C，被认为具有保健与养颜的双重功效。其实红茶和绿茶一样，同样富含维生素和钙质等对人体有益的物质。

特别值得一提的是，红茶还是世界上为数不多的同时含有咖啡因与茶氨酸的饮品之一。换句话说，红茶同时具有提神与安神的作用，宝贵程度可见一斑。

不仅如此，红茶中还含有多种名为“多酚”的抗氧化成分。多酚存在于植物的表皮和种子里，是色素与涩味的构成物质。对植物来说，多酚的作用在于促进生长和抵御外界的刺激。

人体摄入多酚，据说能起到抑制老化与延缓器官功能衰退的效果。换句话说，即使不服用那些所谓的抗衰老补充剂，不去买昂贵的美容霜，仅靠每天喝红茶同样能达到预防全身功能衰退的效果。对女性来说，拥有如此喜人功效又垂手可得的饮品，恐怕再也找不到第二种了。我建议大家要像喝水一样，在每天的生活中积极地饮用红茶。

就拿我自己来说吧，我几乎没有蛀牙，许多年来不但没有得过流感，就连着凉和喉咙发痛都没有过，这些或许都和我每天要喝 10 杯红茶的习惯有关。

◆咖啡因

很多人觉得咖啡因是有害的，事实上咖啡因不但有益健康，对转换心情也有帮助。在咖啡与红茶的主要成分中，最为人们所熟悉的就是咖啡因了。这种物质据说还有燃烧脂肪的功效，对想要瘦身的人来说非常值得推荐。咖啡因在茶树叶中的含量比咖啡更多，但在泡成的茶水中则相反。此外，咖啡因还有缓解疲劳和提神的功效。

◆茶氨酸

一种具有抗氧化功能、对美容与健康都有益处的多酚。已知的作用还包括杀菌和缓解疲劳。喝茶之所以能让人感到放松，其中就有茶氨酸的一份功劳。此外，茶氨酸还能降低胆固醇、预防动脉硬化、抑制癌细胞生长、击退病毒、止泻、减轻经前综合症，可以说对各种身体症状都有效果。

◆儿茶素

多酚的一种。儿茶素不但和茶氨酸一样具有杀菌、降低血糖和降低胆固醇密度等作用，据说还有燃烧脂肪的功效，因此对瘦身也有效果。红茶中含有 6 种儿茶素，茶水的涩味和茶汤的颜色都和儿茶素的存在脱不开关系。此外，儿茶素还被认为有助于消除口腔异味和预防蛀牙，部分牙膏中就含有儿茶素。

Special Talk

红茶行业的活跃人士们将同山田诗子一起
就红茶行业的前景展开特别对谈

矶渊猛
Takeshi Isobuchi

麻子 · 斯图尔德
Asako Steward

乌迪卡 · 马哈瓦迪乌尔维瓦
Uddika Mahawadiulwewa

Special Talk

Utako Yamada　　Takeshi Isobuchi

山田诗子 × 矶渊猛

红茶的魅力，在于款待他人的心

山田：矶渊老师经营红茶进口公司三十多年，是日本推广红茶的第一人，那么对矶渊老师来说，红茶的魅力究竟是什么呢？

矶渊：红茶的魅力有很多啊，最吸引我的，是通过红茶可以看到人们的生活。比如英国的贵族名流的生活、印度和斯里兰卡的普通人的生活……有钱人家喝的是下午茶，穷人则是坐在土地上泡茶，但不论是活在天上还是地下，红茶都是他们生活中不可分割的一部分。世界上有超过120个国家喝红茶，我想除了喝水，人们喝得最多的就是红茶了。但水是不需要“沏”的，而红茶需要下这个功夫。红茶好就好在这里。

山田：我看过矶渊老师的著作，您在书里会使用“点茶”* 这个说法。

矶渊：英语说 tea make，和抹茶文化中的点茶是一个意思。同样的流程，同样的味道，点茶人不同，喝茶人的心境完全不同。是由千利休点茶，还是由弟子点茶，味道会有区别。红茶也是一样。茶水里融入了为对方泡茶的心意，我想这才是红茶的精髓。

山田：我明白您的意思了。虽然我们不是千利休，但是我们所能体会到的红茶的味道，很大程度上取决于我们如何看待红茶。矶渊老师喝红茶，喜欢什么样的味道呢？

* 唐宋时期的一种沏茶方式，后来传入日本，成为日本茶道的主要茶艺。

矶渊：我喜欢清淡一点的、有亲和力的味道。能当水喝的那种。应该说我是喜欢味道“宽松”的红茶吧。

山田：按茶叶来说是哪种呢？

矶渊：锡兰红茶的话，就是中海拔产地的，康提一带味道偏淡的红茶。我喜欢这种。

山田：很少有人是最喜欢康提呢。康提给人的印象，一般是在调制茶里面用来增添分量的。

矶渊：在喝过太多的红茶之后，我最终心仪的是这种味道。我在年轻的时候做过品茶师，品评一款红茶的色香味是否均衡。说实话，味道刺激的红茶，喝不下太多。尤其是日本的水质偏软，结果更是如此。在这一点上，康提的效果要好很多，小孩子们都能接受。康提的个性不突出，虽然没有人说它“好喝”，但也没有人说它“难喝”。这一点很重要。如果茶叶够新鲜，是不会有那种落叶的香味，或是衬衫晾干后的味道的，喝起来就是正经的茶味。

山田：的确是这样，红茶是风干制成的，所以人们一般不会去想它是否新鲜，但如果去到茶园里喝茶，就会发现新鲜的红茶好喝得像是另一种东西。我也是因为有过这样的体会，才决定要改善店里保存茶叶的方式，确保顾客能够喝到新鲜的红茶。

把红茶带进生活

矶渊：我是在遇到川宁（TWININGS）之后，改变了对红茶的价值观。那是在1990年前后，川宁的第9代经营者在职的时候，我去他们的工厂里考察。结果，那里除了风味茶还是风味茶，工厂里面的味道就跟洒满了香水似的，满眼看到的不是大吉岭、乌沃，就是英式早茶，和我想象中的红茶生产场面一点不像。

山田：没有普通的红茶吗？

矶渊：是啊，所以我就去问了他们的第9代当家。他是这么说的：“我们的经营理念不是把红茶卖出去，而是要让别人主动来买。当下这个时代，人们想要什么，川宁就生产什么。”

他还说，现在每个人都忙忙碌碌的，在公司里挨上司的骂，被说三道四，一脑门子官司，可是还得接着干。这时候，下班了，在路上买了水果，路过花店买一朵玫瑰，闻到那个香味，心里一下子被治愈了，回家以后也能心平气和地面对家人。当今这个时代，世界上最需要的是风味茶。

山田：川宁在那时候致力于生产混合了水果味、香辛料和草本成分的红茶，就是出于这个原因吧。

矶渊：他还说，就算有了优秀的试饮员，能够鉴定红茶的色香味，也不等于能够把美好的饮茶体验推广到全社会。推广是营销的工作，而川宁的工作是要把红茶带到人们的生活中去。我现在还记得这段话，当时听到他这样说，我非常感怀。

矶渊猛　Takeshi Isobuchi

1951年生于爱媛县。红茶研究者、随笔作家。曾就读于青山学院大学，毕业后在商社任职，日后利用这段经历，于1979年开设了红茶专营店Dimbula。现任Tea Isobuchi Company有限公司董事。同时在红茶进口、食谱开发、技术指导、经营指导等多个红茶研究领域中有活跃表现。曾多次出现在以NHK为代表的电视台和电台的节目中。拥有多部著作，包括《两人的红茶王》《一杯红茶的世界史》《世界的红茶》《30分钟增加人生深度的红茶术》等。

山田：为了满足饮茶人的需求……

矶渊：为了在日本推广红茶，追求好的味道和好的品质固然重要，但更重要的是要让红茶成为生活的一部分。日本是绿茶之国，但是应该没有人会在家里放 10 种、20 种绿茶吧。想必也少有人能区分玉露、煎茶、番茶和焙茶吧。如果我说要一杯上好的煎茶，搞不好有人会递给我番茶呢。

山田：所以您最喜欢康提了。

矶渊：没错，红茶也是一样。只要有一种略带涩味的茶，再有了康提，基本上就能应对所有场合了，不论是吃蛋糕、吃团子、吃饭，还是喝奶茶、吃茶泡饭。康提的价格便宜，所以可以当它是天天喝、天天消费的“口粮茶”。虽然算不上特别好喝，但也不难喝，可以随性地喝。就像日本人喝番茶一样，可浓可淡，也可以兑上热水喝上三轮。

相比红茶的味道，更多地考虑红茶与食物的搭配

矶渊：我从前在商社上班，整天在建造工厂的平台上作业，根本不去想吃什么、喝什么的问题。那时候我想的是将来独立出来，自己开一家公司，但是从来没想过要做红茶生意。话说我有一位朋友，在斯里兰卡康提的大学里当老师。二十五岁那年，我和他在斯里兰卡见了面，正是那一次我遇到了红茶。我花了很长时间，转了很多地方，康提、汀布拉、努沃勒埃利耶，见过太多茶园生活以后，红茶对我来说就只是农作物。所以一开始我只当红茶是门生意，出口到日本再卖掉，仅此而已。

所以我考虑的问题永远是怎么把红茶卖出去，怎么让红茶在日本普及。开办免费的红茶教室也是为了卖茶。但是办学这件事，光了解茶叶是不够的，于是我开始去了解红茶的背景文化，还有和英国有关的那些事。比如说英国人平时吃什么、他们的小孩子从多大年龄开始喝红茶、晚上喝了能不能睡得着、一天喝几杯等等。

山田：据我所知，红茶这个行业，很多女性都是因为喜欢红茶才加入进来的，您的经历正相反呢。

矶渊：是啊。卖茶这件事，不应该是你求着别人说“请买我们家的茶吧，我们家的茶好喝”，而是要通过让对方使用你们家的红茶，达到帮助对方把他家的商品卖出去的效果。应该像这样站在对方的立场去思考。

山田：这就是所谓的营销策略了。

矶渊：没错。比如说，你想把红茶的茶叶卖到一家卖汉堡的店里去，那么你就要说服对方，让他觉得红茶比任何其他饮料都更适合与汉堡组成套餐。事实是，红茶有解油腻的清口效果，边喝红茶边吃汉堡，可以让汉堡变得更好吃。

而且最好是涩味较少，茶味也不浓，像水一样清淡的冰红茶。这种茶如果单独拿出来饮用，可能会有人觉得不好喝，但是和汉堡放在一起就是完美组合。

山田：您说的这个我懂，就是和食物的契合度！搞不好我是从和您正相反的角度去考虑这件事的（笑）。不过话说回来，我年轻的时候也喜欢喝那种味道刺激的冰红茶，但是现在我会建议大家根据自己的身体情况，喝一些相对柔和的、对肠胃负担不那么大的红茶。

矶渊：如果大家都喜欢吃哈密瓜面包，那么就做和哈密瓜面包搭配的柠檬茶。之前不是有一家饮料大厂宣传说自己的无糖红茶“和饭团是绝配”嘛，结果不光是红茶，便利店里饭团的销量也提升了一大截。在日本，红茶生存的社会环境已经和从前大不一样了。多出了很多种瓶装的红茶饮料，越来越有大众生活饮品的趋势了。所以要想把红茶卖出去，从食物契合度这个角度出发是必需的。

美味红茶的秘诀是 as you like

矶渊：这样比喻可能不太恰当，但茶叶就像大米。大米也有很多种做法。白米饭、手抓饭、咖喱配饭、杂粥，每种做法需要的水量都不一样。

山田：还有精品大米、普通大米和平价大米的区别。

矶渊：然后呢，有人喜欢煮得硬的米饭，有人喜欢煮得软的米饭。有人喜欢刚煮好的米饭，有人喜欢放凉了的米饭。

山田：红茶也是，在好喝这件事上并不存在统一的标准，所以能否满足不同的需求就显得非常重要了。

矶渊：没错。能做到这一点才叫专业。极端地说，假如我手里有一杯红茶，这杯茶原本是用来冲奶茶的，但如果客人说“想直接喝”，那么我会为他兑一些热水。可能对于我来说这样就太淡了，没法喝了，但是我不会劝他说“这种茶叶是用来冲奶茶的，所以……”，我不会把奶茶强加给他。As you like 的感觉非常重要。

山田：这就是您所说的专业了。

矶渊：是的。关键在于能否回应对方“想要喝这种红茶”的需求。天气热的话，就不要为客人泡味道太浓的红茶，而是要泡容易入口的、味道平和的茶，或者泡冰红茶。能做到这样就是专业。

山田：什么是适合对方的茶叶，需要自己去感悟。换句话说，红茶所体现出来的是对方在自己心里的分量。如果总是用“治愈”这样的词去形容红茶，我觉得是把红茶说“小”了。红茶的意义在于通过它，“我”可以为“你”做些什么……

矶渊：吸引我的并不是红茶，而是喝红茶的人，所以，我喜欢的其实是人。这份工作，我做了这么多年，还在做，就是因为这个吧。

山田：即使是自己喝红茶的时候，也一定有泡茶的人和喝茶的人，有“人”，才有红茶。我作为一个被红茶迷住了心窍的人，希望今后能将红茶的种种魅力原原本本地传达给更多的人。

Special Talk

Asako Steward　Utako Yamada

麻子·斯图尔德 × 山田诗子

英国红茶的前沿动态

山田：好久不见。麻子女士不但嫁给了一位英国绅士，还在伦敦开办了红茶教室，这样的麻子女士给人的印象始终是非常优雅的。不过呢，现实中的麻子女士其实对前沿信息非常敏锐，对数据和数字也很在行，在这方面，我感觉自己和麻子女士一拍即合。

麻子女士，今天能不能和我们说说红茶在英国的近况呢？我个人觉得，我们日本人对英国的了解还停留在30年前。我们总听说英国到处是优雅的茶室，英国人家里都是用茶壶和茶叶泡红茶的。但实际情况好像不是这样？

麻子：您说的没错。在英国，茶叶在红茶商品中所占的比例，其实只有一点点。96%是茶包类商品。而且不少英国人家里是没有茶壶的。因为从小就喝茶包，所以结婚成家以后也没有使用茶壶的习惯。而且喝红茶的英国人当中，9成以上是要兑牛奶的，要做成奶茶才喝。

山田：也就是说，直接饮用的人是少数派了。

麻子：他们喝的红茶的产地也比较单一，而且不像日本人喜欢喝风味茶。从小孩子到老太太，都喝奶茶。有数据显示，英国牛奶消费量的25%，是用于冲泡奶茶的。在我还处于由红茶茶叶生产商推荐口味的阶段时，他们给出的大约40种茶全部都是以添加牛奶为前提而挑选的。

山田：茶叶生产商也是以喝奶茶为前提在生产吧？

麻子：是啊。所以一种茶叶做成奶茶以后，颜色看起来不好喝是不行的。再有就是他们浸泡茶叶的时间很短，一般家里喝红茶，平均只泡20秒左右。

换句话说，就是在茶杯里放入茶包、倒好热水以后，从冰箱里取牛奶需要的时间。这个时候，如果茶汤的颜色没有他们常买的牌子深，那不管我的茶有多便宜，他们都不会再买第二次了（笑）。

山田：的确，红茶除了香和味，色也很重要啊。

直到最近才对红茶改观

山田：据说红茶在英国流行起来是2000年以后的事了。当时我听到这个消息，觉得非常震惊。

麻子：第二次世界大战的时候，丘吉尔首相为了避免红茶卷入战火，在战争爆发的第二天就将红茶的库存转移出了伦敦。而且对于5岁以上的国民来说，每人可以领到2盎司（略小于60克）的红茶配给。可见在当时红茶的地位有多重要。进入20世纪70年代以后，茶包的消费量逐渐增长，到2007年已经占到了市场份额的96%。不过在90年代的时候，红茶总体的消费量是不断下滑的。

山田：是因为生活方式改变了吧？

麻子：没错。日本的话，因为很早以前就有了自动售货机，饮料的种类也变得十分丰富。但是英国过去没有自动售货机，而且饮料的种类原本就很少。结果进入90年代以后，碳酸饮料、运动饮料、带味道的矿泉水，这些瓶装饮料开始一个接一个地冒出来。瓶装饮料能随身携带，比红茶方便，于是红茶的消费量就一蹶不振了。

山田：近十年来，人们似乎又对红茶改观了，是因为发生了什么吗？

麻子：是的。面对这种低迷的状况，从2002年起，英国红茶协会开始起用时尚名模凯特·莫斯，对年轻一代展开战略宣传。此前虽然也有过红茶的电视广告，但整体的宣传形象是面向大众的，比如Brooke Bond的广告主演是猿猴，泰特莱的主演是北英格兰工厂里的工人。只有川宁走的是高端路线，不过他们的广告是由端庄的老妇人出演的，这样吸引不来年轻女性和家庭消费者。要想红茶在年轻一代中流行起来，最好的办法就是瞄准25～35岁、可以随心所欲花钱的独身女性。只要能让她们爱上红茶，等到她们结婚生子的时候，不但她们的家庭会养成喝红茶的习惯，她们还会把这种习惯传给下一代。

麻子·斯图尔德　Asako Steward

日本红茶协会高级茶艺师 · 日本茶顾问 · 英国糕点师 & 甜品师。伦敦红茶学校“Infuse”的主办人。原创红茶与杂货品牌“Infuse”的代表，负责20余种原创调制红茶的销售。著有《用英伦风格享受红茶》《走进英国秘藏的红茶圣地》等书。不时为杂志撰写文章，并在日本、英国两地举办演讲活动。曾任职日本航空国际线乘务员，后与英国人结婚，1997年移居英国。曾在伦敦茶商处研修试饮。曾走访世界各国茶叶产地，在20余所茶园视察、进修。

左）洲际酒店的下午茶　　中）休闲茶吧“Amanzi”　　右）复古茶室“Betty Bryce”

山田：放眼未来，启蒙下一代！

麻子：是的。英国红茶协会将凯特·莫斯请为座上宾，筹办了一场午后茶会。凯特的出席引来了众多名流友人，让红茶的时尚属性一下子传开了。而且只要凯特说“红茶有抗氧化作用，对皮肤有好处，不加奶还能实现零热量”，年轻女性就纷纷对红茶产生了兴趣。还有时尚品牌DIAMOND，把新品发布会办成了午后茶会，让受邀的名流一边喝白茶一边看新品，为饮茶文化刷足了好感度。当媒体开始介绍这类活动之后，可想而知，女孩子们都在议论：喝红茶现在很潮吗？我记得亚历山大·麦昆在为他的时装店剪彩时，也为嘉宾准备了红茶。

山田：锁定年轻女性，战术无懈可击，而且是全国范围的，太厉害了。日本对待绿茶和抹茶就没有这么兴师动众呢。好想照这个样子搞一回啊，要不要动员一下呢？……

麻子：是啊，确实很厉害。（英国红茶协会的）这个活动还邀请了世界级的著名摄影师和名人，专门拍摄名人喝红茶时的样子，然后发行写真集，把收益捐给癌症预防网站。还在名人和演艺圈里举办了茶杯设计比赛，收益也是全部捐给癌症预防网站。这样等于是宣传了红茶的防癌功效，可谓一举两得。因为这项宣传活动，红茶的销售额在两年之内有了极大提升。

下午茶的前沿动态

山田：如今在英国，酒店以外的地方也开始盛行下午茶了。

麻子：是这样的。在过去，我们有机会接触到的下午茶，不是自家的，就是高级酒店的。不过近年来，一些传统的乡村茶室开始走进人们的视线。就是中老年男性会光顾的那种扎根于乡土的茶室。这些茶室由来已久，属于那种在网络时代里没名没号的地方，长年来全靠当地人，在有些地方是靠游客支撑着，但同时也有着不被时代左右的好的一面，这是人们开始对它另眼相看的原因。然后，虽然这和下午茶没关系，在一些星巴克模式的主营红茶的外带店里，可以以一杯几百日元的价格买到相当不错的红茶。

山田：红茶的销售模式也变得多样化了。

麻子：还有另一种休闲型茶室，最近多了起来，地段主要集中在伦敦近郊。这种店大多是年轻人开的，但卖点是复古。他们会把不用种类的复古茶具混在一起使用，注重感官享受。装修也很讲究，有种好像回到了奶奶家喝茶的怀旧感，很多人买账。

山田：消费水平怎么样？

麻子：人均18英镑吧，差不多合3000日元。在伦敦享用下午茶，一流酒店是8000日元，便宜的也要5000~6000日元，所以相当于打了对折。相应的，内容要比酒店的下午茶简单，但也提供茶点和三明治。而且下午茶的精髓是有的，可以边聊边用茶壶喝红茶，这样度过两个小时。

山田：和人相处起来，感觉会比吃饭和喝酒更随意呢。

麻子：年轻女性会和朋友一起来，也有母女一起来的。顾客的年龄层非常广，还有好多同志情侣。同性恋在英国是受社会认可的，审美意识很强，他们中的很多人都对这种新型的下午茶有好感。

走向世界的英国红茶

山田：听了麻子讲的，我也好想在日本开各种风格的茶室啊！

麻子：开吧！今后不论是在英国还是在其他国家，红茶都会变得更流行。像是英国和下午茶的优点，还有新的推广方式，一定是从外国人的角度看得更清楚。

比如最近在伦敦搞下午茶巴士的，就是法国人。坐在红色巴士里，一边享受正统的摆在三层盘子上的下午茶，一边在伦敦市内观光，这个项目别提多受欢迎了。

山田：确实是这样，有时候可能是当局者迷吧，一个国家的优点反而是外国人看得更清楚。

麻子：说到当局者迷，我觉得日本人也不例外，每次说到英国红茶，总会带出一种“下午茶等于上流阶级”的刻板印象。礼仪啦，茶壶该摆在哪里啦，被这些东西束缚得太严重了。其实在英国的那些休闲茶室里，没有人在乎茶壶的摆法（笑）。希望日本人也能放轻松一点，和红茶变得亲近起来。

山田：我很赞同。就像刚刚听到的红茶在英国的近况，希望日本也能够积极地开展这一类活动，特别是在年轻人中间，让更多休闲的、有艺术气息的、多彩的饮茶方式走进人们的生活。一起让红茶更受欢迎吧！

麻子：没错，一起加油吧！

Special Talk

Uddika Mahawadiulwewa　　　Utako Yamada

乌迪卡·马哈瓦迪乌尔维瓦 × 山田诗子

走进锡兰红茶园经理的全球化视点

日本人的茶文化底蕴

山田：乌迪卡先生在斯里兰卡经营着好几家茶园，这次是您在百忙之中第四次来日本了。前几次也是因为红茶的工作来日本的吗？

乌迪卡：不，第一次是在去美国的途中在这边的机场转机。第二次是为了学习丰田的5S管理制度，在大阪停留了10天。第三次是在静冈做绿茶方面的研修，但是很快就回去了。

山田：所以说，这次是在卡雷尔·恰佩克红茶店的邀请下，第一次和日本的客户们见面喽。感想如何呢？

乌迪卡：想不到有这么多人对不同产地的锡兰红茶的制法和差别都十分精通，我感到很意外，也很高兴。

山田：对于这种现象，您怎么看呢？

乌迪卡：嗯……日本人对和“茶”有关的事如此热情，我想是因为日本原本就拥有自己的茶文化吧。所以日本人有着能够更好地去品味红茶、探求红茶奥妙的文化底蕴。但在另一方面，让我深受打击的是，很多日本人会误认为斯里兰卡是印度的一部分。所以此行给我的切身感受是，我不仅要在日本传播锡兰红茶的精妙之处，还要让日本人领略到斯里兰卡的魅力。

山田：关于这件事，我也觉得很遗憾。锡兰红茶的卓越品质不仅来自斯里兰卡得天独厚的自然环境，同时也是斯里兰卡人勤劳性情的体现。这一点也需要我们用更直观的方式去传达才行……

斯里兰卡的环保现状

乌迪卡：斯里兰卡是一个拥有2500年历史的国家。国土面积不大（与北海道相当），但环境得到了很好的保护，拥有8项世界遗产，同时作为一个经济高速发展的国家，斯里兰卡可以说蕴藏着无数值得被世界关注的可能性。作为一个斯里兰卡人，我感到十分自豪。

山田：看来乌迪卡先生非常了解自己国家的优势，并且在集中利用这些优势，尽自己的一份力呢。因为对祖国怀有自豪感，所以致力于拓宽祖国未来的可能性。真的很棒。

乌迪卡：谢谢。在我看来，日本也是一个得天独厚的国家，但是这里的人们好像对此看得很淡，并没有表现出特别的自豪感，让我觉得很不可思议。

山田：关于斯里兰卡，如果聚焦在红茶这个行业，算是已经做到了“在保护的同时活用多种自然资源”，并且“让卫生管理与生产管理的标准与时俱进”。

乌迪卡：我想是这样的。对于斯里兰卡这么小的国家来说，如果不能保护好自然环境，这个国家是生存不下去的。在过去的十年里虽然也出现了一些问题，但是近年来情况已经有了大幅好转。

山田：在这件事上，全国上下的茶园都参与进来了吗？

乌迪卡：是的，特别是在我的茶园周边，环境保护得相当完好。

山田：茶园环保这方面，是斯里兰卡政府在负责管理吗？

乌迪卡：不，有独立的机构在为茶园颁发“雨林联盟”的认证资质。这件事最早是由我倡导的。

山田：之前我去过好几家斯里兰卡公认的著名茶园，那个认证标志也见过很多次了，没想到竟然是乌迪卡先生在背后推进的……

乌迪卡：因为我觉得，茶园与自然的共存，和社会的发展，这两件事是我必须同时倾力去做的。单靠环保是无法实现的，还必须建立起一种可持续的制度，让社会、经济、劳动环境等所有方面都能够稳定地发展下去。如果不能打好这个基石，斯里兰卡就不可能有能力将好喝的红茶推广到全世界。

谈谈茶园经理的工作

山田：乌迪卡先生的名片上印的是“茶园经理”，虽然看起来单一，现实中却给人身兼数职的感觉，既要解决和红茶生产有关的环境问题，又是向全世界推广红茶的红茶大使，同时也是站在国家角度为斯里兰卡的发展出谋划策的政治家。

乌迪卡：说的也是。主要是因为在斯里兰卡，茶园经理的工作并不是只要组织好红茶生产就可以了。从根本上讲，一个茶园不但要雇用成百上千的劳动者，还要负责修建学校、医院、寺院等设施，说起来就像个村子一样。茶园经理的肩上担负着所有这些人的生计，这当中自然也包括各种各样的劳资问题。所以茶园经理的工作就是规划好所有这些事，在此基础上生产出高品质的红茶。刚才提到的环境问题也必须考虑在内。

山田：相当于日本公司里的社长或是役员级别的职位了。做这个工作一定要身心都很强大才行啊……

乌迪卡：的确是这样。所以在经营理念这方面，同样经营着公司的山田女士应该和我有很多相同的感触吧。

山田：谢谢您的理解。在痴迷于红茶这件事上，我和乌迪卡先生是一样的。那么，身上担负着如此巨大的责任，茶园经理究竟需要具备怎样的素质呢？

乌迪卡：超强的领导能力、吃苦耐劳的精神，再有就是丰富的知识吧。举个例子，如果工作上需要用到好几种语言，那你就必须身先士卒，先自己学会。不这样的话是没有人跟着你干的。而且作为一个人，你也必须是受人尊敬的。最重要的是，你要比谁都能吃苦。换句话说，你必须拥有足够的热情和执行力，去从根本上对经营进行改革，去调动更大数量级的人才和组织。相当于将100变为1000的改革规模。

山田：为了做成这件事，光会埋头苦干是不够的，还要具备相应的能力。乌迪卡先生是从什么时候开始，用什么方式学习的管理学呢？

乌迪卡：大学毕业以后，我开始在茶园里工作，那时起利用周日的休息时间学习的。从1994年开始，用了大约8年时间取得了BBA（工商管理学士）的学位，之后又取得了MBA（工商管理硕士）的学位。除了纯管理学，我还取得了激励管理学和种植管理学的学位。

山田：斯里兰卡的茶园经理们大都具有较高的商才，但是像乌迪卡先生这样能够取得MBA学位的应该是凤毛麟角吧。我能从您身上感到其他人所不具备的开阔视野。

乌迪卡：大概是因为我有个做部长的父亲吧，在教育和成长环境上，我确实有很多优势。考虑问题时的格局和视野是其中之一。我能从事这项工作，也是因为父亲有一位受人尊敬的朋友就在红茶行业里，我是在父亲的推荐下进入的这个行业。

山田：您父亲是部长……上流社会！不过，能够为祖国感到自豪，能够理性又不失热情地去经营茶园，并且做出美味的红茶，这件事还是很令人向往的。

乌迪卡：父亲对我十分严厉，但他是个有趣的人。

从全球化的视点思考红茶行业

山田：听说乌迪卡先生喜欢读书，而且读过之后会马上学以致用。

乌迪卡：我觉得任何人都可以从书本里获取知识，所以关键在于如何将知识转化成行动。

山田：就比如您这次这么痛快地来了日本，来到这里以后，有什么想要实现的目标吗？

乌迪卡：其实我并没有打算把全部业务都集中在红茶上。比如我可以在日本学习更多和绿茶有关的东西，然后尝试在斯里兰卡种植适合当地土壤和气候的绿茶。反过来说，在日本也有一些拥有国际化意识的茶园和一批有意种植红茶的年轻人，我的知识应该能够派上用场，我希望为他们提供建议，并且看到他们种出各个品种的红茶。再比如，关于红茶的采摘，通常来说是用手采的，日本则是用机械采摘的，这样会损失一部分风味，但是就像农业种植可以靠机械完成，手采的过程或许也可以被机械取代。或许可以兼顾产量和品质。这件事不只是对红茶行业，说不定对世界茶业经济的发展都是有影响的。

山田：乌迪卡先生真不愧是国际商务精英！

乌迪卡：精英不敢说，但我确实是在从全球化的视角思考茶叶的事。

山田：今后的目标是在世界范围内扩大红茶的市场吧？

乌迪卡：我始终认为，能否扩大市场不是由消费者决定的，而是要看我们茶园经理如何开展工作。

山田：既然已经有了如此高品质的红茶，就算不靠宣传和科普，只靠饮茶体验，我想红茶也是有能力在人们的生活中占据一席之地的。就好像近些年来咖啡的发展，感觉已经非常上道了。红茶和绿茶也一定能做到。

乌迪卡：我的看法是，也许可以在饮料以外的行业中找到拓展红茶贸易的启示。在战略方面可能会有意想不到的发现。

山田：乌迪卡先生花了这么多心血在红茶上，对红茶如此精通，但实际上红茶又不是您生活的全部，这一点非常值得我去学习。

乌迪卡：山田女士不是也有通过绘画来推广红茶嘛，这方面就是山田女士的优势啊，您对于红茶界来说可是不可多得的人才。而且从卡雷尔·恰佩克目前的规模来看，将来还有很大的发展空间。希望您能告诉我更多日本人对红茶的需求，我想我一定能够培育出符合日本人需求的红茶。

山田：感谢您的赏识！如果有我能为斯里兰卡做到的事情，我一定尽力而为！我的理想是提高日本红茶的品质，不局限于我店里的红茶，而是全日本的红茶。为了让日本的红茶行业蓬勃发展，得到全世界的关注，我也要像乌迪卡先生那样，去拓宽自己的视野，去付出更多更多的行动！

乌迪卡·马哈瓦迪乌尔维瓦
Uddika Mahawadiulwewa

蓝毗尼茶园吉利茶叶私人经销有限公司联席董事总经理

获奖及工作履历：

1998 年，日本秋本大树 5S 大奖（Taiki Akimoto 5S award）

获奖茶叶与茶园：汀布拉，伟西茶园（Great Western）

2000 年，斯里兰卡国家生产力大奖（National Productivity Award）

获奖茶叶与茶园：汀布拉，伟西茶园

2009 年，斯里兰卡西部高地嘉茗奖（Western High Grown No.1）

获奖茶叶与茶园：汀布拉，玛塔克尔茶园（Mattakelle）

2010 年，最佳中海拔茶奖（Best average in all elevation）

获奖茶叶与茶园：卢哈纳，基鲁瓦那甘加茶园（Kiruwan-aganga）

2011—2013 年，最佳低海拔区域种植园奖（Low Grown - Best average in Regional Plantation Company No 01）

获奖茶园：基鲁瓦那甘加茶园

2013 年，斯里兰卡主席大奖（Chairman's Award）

获奖茶园：基鲁瓦那甘加茶园等

2017 年，转职加入蓝毗尼茶园（Lumbini）。

马哈瓦迪乌尔维瓦先生曾在一年内揽获超过 25 个国内外奖项，成为全世界带领最多茶园获奖者。

自 1992 年起，马哈瓦迪乌尔维瓦先生便辗转于努沃勒埃利耶、汀布拉、卢哈纳等不同茶叶的产地茶园。他不愿止步于红茶制造者的身份，积极取得了 MBA 学位，因此不仅是一名扎根于土地的红茶栽培和制造专家，也是一位令接手茶园获奖无数的杰出经营者。现在，他的目标仍是向全世界输出最高品质的锡兰红茶。

好喝的红茶在哪里?

“想要喝到美味的红茶，
怎么办才好呢？”
“首先，回到家里去吧。”

山田诗子